谢谢，但今天不行

Liebe macht
alles anders

66个
自我疗愈的
生活哲理

[德] 科尔杜拉·努斯鲍姆　著

王海涛　译

中国友谊出版公司

图书在版编目（CIP）数据

谢谢，但今天不行 ／（德）科尔杜拉·努斯鲍姆著；
王海涛译. —— 北京 ：中国友谊出版公司，2021.5
 ISBN 978-7-5057-5195-8

 Ⅰ．①谢… Ⅱ．①科… ②王… Ⅲ．①人生哲学－通
俗读物 Ⅳ．①B821-49

中国版本图书馆CIP数据核字(2021)第060014号

著作权合同登记号 图字：01-2021-1971

LMAA: 66 Mini-Plädoyers für mehr Mut, Leichtigkeit und Gelassenheit
2018 GABAL Verlag GmbH, Offenbach
Published by GABAL Verlag GmbH
Simplified Chinese rights arranged through CA-LINK International LLC
(www.ca-link.cn)

书名	谢谢，但今天不行
作者	[德]科尔杜拉·努斯鲍姆
译者	王海涛
出版	中国友谊出版公司
发行	中国友谊出版公司
经销	新华书店
印刷	北京中科印刷有限公司
规格	880×1230毫米　32开
	8印张　110千字
版次	2021年8月第1版
印次	2021年8月第1次印刷
书号	ISBN 978-7-5057-5195-8
定价	45.00元
地址	北京市朝阳区西坝河南里17号楼
邮编	100028
电话	(010) 64678009
	版权所有，翻版必究
	如发现印装质量问题，可联系调换
电话	(010) 59799930-601

前　言

PREFACE

　　在我们的生活中，公共交通和租房搬迁可以让我们自在选择而不受固定模式的束缚，智能化和移动设备方便我们处理许多烦琐的工作和任务……然而，这样的环境使我们生活在一张复杂的社交网络中，我们原本可以在生活中实现自己的梦想，甚至在加勒比海滩上轻松、自在地享受生活；生活原本可以让我们在无限可能的海洋中遨游……

　　但很多人感觉不到轻松，反而感到很沉重。我们被义务捆绑，马不停蹄地赶场，组织完美的日常生活，紧凑地

谢谢，但今天不行

安排时间。我们刻板地活在他人和自我期望的枷锁中，只求心灵得到片刻的慰藉和宁静，渴望最终鼓起勇气，过上自己想要的生活。

本书为读者提供了66个人生指南，以期帮助读者将渴望变成现实。这66个人生指南是我从生活中得到经验与提升的总结，我愿与读者分享自己的故事，让我们的生活变得更加轻松、宁静和充满勇气。

本书中的66篇短文并非我几十年生命中全部的"生活智慧"，而只是我心中最真实想表达的想法。它汇集了

大多影响过我的事例，虽然不能成为你成长道路上万能的
"工具箱"，但希望你能通过阅读本书，消化、理解并获
得一定的启发，同时留意那些能触动你的想法。虽然你的
经历可能会有所不同，但你需要感知并接受它们，把它们
看作另一种生活道路的前进方向。

　　通过阅读这66篇短文，你可以将"谢谢，但今天不
行"的想法和态度带入你的生活。那么 "谢谢，但今天不
行"到底是什么意思呢？用我自己的话来说：

谢谢，但今天不行

爱让一切都变得不同，

激情让生活充满活力，

放下成规，大口呼吸，

放手，勇敢独行。

这66个指南的核心是让你放下心中的不愉快，将恐惧、忧虑和担心以及所有毫无意义的期望抛诸脑后，然后笑着说"谢谢，但今天不行"，尽情感受积极、自由，按照自己的方式去品味和享受生活。

在这66个指南中，你可以认识并扫除自己实现无限可能的疑虑、缺失和障碍，从而获得回归自己"内心"的灵感。

愿你一切顺利！

目　录

C O N T E N T S

1.突破

追随潮流成了我们不约而同的方向标。比如，在时尚界，我们可以通过"个性"和"展现自我"看到，每个季度的服饰都有新的样式、用料和配色。

20世纪60年代，质疑中产阶级"毫无意义"富足理想的嬉皮呼吁人们树立摆脱束缚的人生观念，主张实现自我价值。

20世纪80年代，关于时间规划的书籍和科学技术蓬勃发展。当时人们的信念是，只要精心规划时间和生活便会取得成功。

谢谢，但今天不行

　　20世纪90年代，在"降档"一词的感召下，第一批人放弃了物质上的富裕。不是因为他们想成为"避世者"，而是他们权衡了什么才是对自己而言真正重要的。他们更愿意成为青年旅馆的经营者，而不是担任大公司的新闻发言人。今天，人们仍在职业内外全面探寻人生的价值与意义。例如，大多数铁路职工决定每年多休六天假，而不是选择加薪。

　　21世纪前期，大多数成年人都希望通过投资股票赚快钱，甚至连最犹豫的定期存款持有者也购买了德国电信的股票，向往的自由生活似乎变得触手可及。然而，随着2003年互联网泡沫的破裂，在2007年的全球经济危机中，所有"轻松实现财务自由"的梦想都破灭了。伴随着新一代（1980年后出生）人们的成长，社会价值观的改变使其形成了一种新的生产和生活模式，即团队取代了等级，工作乐趣取代了地位象征，人们对追求自由空间和自我价值的实现及更多的闲暇时间的需求更加迫切，而不只是一味追求事业成功。

我为什么要告诉你这一切？《世界报》曾在一则广告中提出，"世界属于那些敢于突破而不是委曲求全的人！"也许上面提到的某些价值趋向很适合你的价值观，你可以顺势而为，也可以安于现状，任你选择。

但这些也可能使你在不知不觉中承受了压力。"潮流"的生活方式根本无法满足你的需求以及让你实现自我价值。也许一份安稳的工作对你来说更重要，于是，你也只能在闲暇时间和业余爱好中体会到满足与成就感。

一些作者谴责"强迫自我优化"的观点，他们认为"我们不应让自己承受优化自己的压力"。但这种"强迫"真的存在吗？谁在强迫我们思考自己喜欢什么？我们要如何生活？当然，我同意一些作者的观点，我们不需要改变自己，不必优化自我，我们可以保持现状，也可以另辟蹊径。

每次追随潮流，都有可能会碰壁。你可以自由选择遵循或者不遵循。但是，之前那些顽固地说"哼，我才不会干这种自我优化的事"的人其实早已在追随潮流。任何从形式上反对墨守成规的人，其实都已不由自主地参与到了其中。

我们要做的是了解当前的形势，然后倾听自己内心的声音：哪些适合我？哪些不适合？这个世界属于那些敢于突破自我的人。从字面上来看，突破并不意味着一定要做一些非凡的事情，也不意味着做一个只靠50件物品活着的避世者，更不意味着要成为辞掉工作到丛林中喂小猴子的人。

你不应该一味地跟随潮流，而是应对那些无法让你感到满意的事和那些社交中所谓"必须要做的事情"勇敢说"谢谢，但今天不行"，从而活出真正的自己。

自2002年起，我开始公开招募那些即使没有运用通常"成功"的方法，也能获得成功和快乐的"反潮流主义者"，他们依靠的是直觉和热情，而不是成规和纪律。他们会忽略艾森豪威尔提出的效率提高和优先级矩阵类的时间管理方法，他们去享受时间，而不是去管理时间，但最终还是会对所做的事情感到满意。

我亲切地给这类人起了"有创意的混乱者"这个名称，指的就是那些不喜欢制订计划、目标，而喜欢随性发挥、乐于助人并认为其他事情比墨守成规更重要的人。通常指的是那些富有创造性思维的思想家、有个性和多才多艺的人，就像英国最具有传奇色彩的亿万富翁理查德·布兰森一样。

我在读书以及参与讲座、研讨会和培训的过程中都会强化创造性思维，认识并发挥自己的潜力。但这一切却会遭到潮流主义者的反对，他们认为这是"没有根据的"。他们认为没有精心规划的时间管理是行不通的，即人们不能仅靠直觉和激情建立生活，而是需要一个有条不紊的生活计划，否则将一事无成。

尽管遭到质疑和反对，我仍然坚持自己的观点。多年来，我收获了众多的支持者。例如，《今日教练》杂志曾写道："她逆流而上，多年来一直书写与培训领域巨头所奉圭臬相反的东西。"目前我已经是16本书的作者，其中包括一些畅销书。又如，根据《明镜周刊》的说法，我成了时间管理领域的知名专家，并且那些经验丰富的同事们也逐渐开始承认，他们以前关于生活规划或时间管理的观点是片面的，进而采纳了我的观点。

你可以从这些事例中激发自己的勇气，勇敢面对那些所谓应该做或不应该做的事情。

相信你最清楚自己想要的是什么，勇于突破一切干扰，过上自己想要的生活。

2.保留初心和渴望

"只有那些长大后仍保持童心的人，才是真正的成人。"

——埃里希·凯斯特纳

埃里希·凯斯特纳的这句话非常正确，但对有些人来说，既要做成年人又要做孩子实在是太难了。有些人还停留在儿童阶段，因为他们害怕做出决定或不能真正站出来为自己的行为负责。最极端的是"受害者"（Opfer）类型的人或者按照座右铭"每天就像最后一天"来生活的人。从字面上来看，这句话有逃避责任之嫌。如果我们只活在现在，没有明天，那么为什么要考虑老了之后能否能过上舒适安稳的生活呢？有三件事可以使我们成为真正的成年人——对自己和自己的行为全部负责、为自己做决定和保持经济独立。

但还是有些人认为，成年的标志是必须放弃孩子般的轻松心态，忍受日常生活的困扰和单调枯燥过着重复的生活直到死亡。这何其悲哀啊！

正确的方式应该是保留你的初心、对生活的渴望和好奇的天性，并将责任作为奖励放在首位。因为能够担当是一份礼物，承担责任能使我们成功塑造局面和保持良好的状态，使我们的生活变得富有意义，从而给予我们真正的自由和选择的权利。

这是我目前的感觉。我年少时想的是必须在做孩子还是做成人之间做出选择。当选择和父母分开时，我承担起了对家庭的责任，以闪电般的速度"长大"，这显然让我倍感压力。直到几年前，在听到了埃里希·凯斯特纳的这句话并认识到承担责任是一份礼物后，我才如释重负。

你可以成为自己生活的设计师，获得你真正想要的东西，然后尽情享受。

森林里弥漫着不安。动物们纷纷议论说熊有一个"生命倒计时"清单，它们都很担心自己会被列入清单。其中最年长的动物是鹿，它第一个鼓起勇气去找熊，问它："你好，熊先生，我听说了你的'生命倒计时'清单，想问一下，我是否也在清单上？"

熊拿出了它的清单看了看，然后咕哝道："是的，你在我的清单上！"鹿尖叫着跑开了，两天后它消失在森林中。

其他动物也越来越害怕，但它们仍然希望"生命倒计时"清单只是谣言而已。

野猪厌倦了这种恐惧。它去熊那里问了和鹿

相同的问题。熊回答道："你也在清单上！"两天后野猪也不见了。

如此，动物们的恐惧达到了极点，没有动物敢穿过森林。每只动物都躲了起来，等待着可能发生的可怕事情。只有兔子去问熊："熊先生，我也在'生命倒计时'清单上吗？"

"是的。"熊斩钉截铁地回答。

"那你能把我从清单中划掉吗？"

"当然，没问题！"熊说道。

3.扩大你的影响范围

你是否听说过这种说法："如果真的想做，你可以做任何事！""做不到，不存在的！"你相信吗？我反正是不信。

我认为，我们确实需要借助某种动力来增加实现目标的可能。如果你心不在焉地追求目标，那么最终失败了也不足为奇。那么到底出于什么原因，让你将时间、金钱和精力投入到你原本不想做的事情中？这就是借口目标（如"然而每个人都还需要目标！"）或外来驱动力（如"我的丈夫想要这个……"）。

真正想要某样东西是好事，但光靠想是不够的。你可以拥有世界上最强的意志力和有史以来最好的自律意识，也可以远远地偏离目标。因为你能否真正实现目标，不仅仅取决于你自己！将你的目标想象成一个大圆圈，这里面就是你感兴趣的领域，是你想要的。圆圈中间是一个小一点的圆圈，它就是你的影响范围。

这就是问题所在，我们无法掌控自己想要的一切。因为面对变化，我们受外部因素的影响，有些因素有利于我们目标的达成，有些则相反。秘诀是我们能否意识到自己能改变什么或不能改变什么。

你现在想改变生活中的什么？你的目标和愿望又是什么？想清楚这些，然后明确自己对各个目标的影响范围有多大。

扪心自问，你是否压根就对实现目标没有想法？如果是，那么就停止这个计划。

如果你想实现目标，那么就要扩大你的影响范围，想想你可以通过做什么来促进成功。例如，你想阻止在自己家周围建造环形公路，如果作为一个只能在朋友圈抱怨的人，你将无计可施，但反之，你可以通过民意反馈，告诫媒体有关"森林被大面积砍伐"的负面影响，或通过让自己当选社区工作人员来扩大自己的影响范围。

你打算通过哪些方式扩大自己的影响范围呢？是通过转换工作职能，或通过网络传播诉求，还是继续进修或积累经验？

你想写本畅销书吗？如果想写，那么就先写一本书，而这本书就在你的影响范围之内。这本书是否会成为畅销书，在一定程度上取决于你的阅历以及图书的质量及内容深度，而并不受你的控制，但开始写作就已经为你增加了获得成功的机会。

因此，你需要扩大自己的影响力，并从所谓的"宁静祈祷"（Serenity Prayer）中获得启发。这一祈祷方式是在20世纪40年代出现的，其具体内容如下。

谢谢，但今天不行

上帝，请给我宁静，

让我接受无法改变的事情，

让我拥有做出改变的勇气，

以及辨别是非的智慧。

4.定期暂停

我们经常通过心理干预和提问的方式来缓解压力、紧张、疲劳、沮丧等情绪带来的影响。但有时候，只是身体上的问题就使我们陷入"瘫痪"。

身体是灵魂的镜子，如果身体有恙，灵魂也会受苦。因为我们是由身体和灵魂共同构成的整体，二者相互作用，相互影响，不能偏废。

我在上大学时有很长一段时间都处于精疲力竭的状态，这也使我意识到了身体和灵魂之间的联系。我的睡眠质量很差，夜晚入睡经常被心事压得喘不过气来，但每天却被"别自甘堕落"的想法推动着前进，时常需要靠放声大喊和咖啡因提神。直到有一天，医生仔细查看了我的血常规检验结果，发现我的甲状腺紊乱、机能衰退。经过治疗，几周后我又恢复了往日的积极与活跃。

通过这件事，我思考这是不是意味着我们在缺乏勇气或不能放松时，必须考虑身体方面的因素？如果你了解这一点就太好了！许多人多年来一直努力通过心理干预的方法引导自己朝着理想的方向前进，直到他们最终在身体层面实现期待已久的突破。

如果你长期感到紧张、沮丧和空虚，请务必去看医生，检查一下身体状况。当然也要把检查成本控制在你能承受的范围之内。

同时，也要检查自己是否因过敏或不耐受症而感到虚弱，或者当你疲倦和无力时是否有隐藏在体内的炎症。"隐藏"是因为虽然你没有注意到它们，但你的身体却必须一直与之抗争。承受压力、吸烟、睡眠不足和营养不良都会助长这些隐藏的炎症。良好的生活方式，如运动、健康的饮食习惯和放松疗法都会帮你解决这些问题。

定期喊个暂停，会帮你避免失望，忽略那些累人的"这样一定行"的口号。我建议使用顺势疗法，它可以让你变得强大，或者采用巴赫花精疗法，让它带给你平静和勇气。

你现在知道如何治愈自己的心灵和身体，让灵魂之花绽放了吧？

5.制定远大目标

那些拥有宏伟目标的人可以获得很大的成长空间，也可能会面对从未征服过的"珠穆朗玛峰"。

有些人需要有远大的目标才能开始行动。例如，在3小时22分钟内跑下一场马拉松，而不是4个小时，或者开办一家公司并在第一年实现800万欧元的销售总额。从逻辑上来说，我决不会这样做。可是对一些人来说，山越高，征服的欲望就越强。

然而，面对远大目标，很多人都却步了。"参加自然疗法师培训需要花费17000欧元？太贵了！移民外国？

嗯，这到底是为了什么呢？或是写一本畅销小说？反正我做不到！"

远大目标、远见卓识对你来说又有什么帮助呢？它们会激励你前进吗？如果答案是肯定的，那就太好了。先从体育挑战入手，把自己带到舒适区的边缘，然后让你的理想飞得更高，撸起袖子加油干吧！

你的情况是不是不一样？远大目标对你来说是阻碍吗？你是否失去了勇气？如果是，那就缩小你的目标范围。"你说什么？"我听到你在气愤地哭喊。"我是不是应该放弃自己的梦想，甘于平庸？"是的，你可以这么做。但我更希望你今天就行动起来，这样明天才能实现自己美好的愿望。带着恐惧和沮丧攀登毫无意义，因为这样根本无法登顶。有人可能会坚持做很多年，他们日复一日地坐在生活的窗前，远望高山，一次次悲伤地转身离开。他们停留在生活的候车室，而不是选择跳上一趟火车马上出发。

一个男人坐在村庄的车站候车室里。他每天上午 9 点左右过来，看着发车通告栏坐下来，看着一列列驶入的火车。下午 5 点 03 分，当天的最后一班火车离开村庄后，他疲惫地站起来，望着渐渐远去的火车，一言不发，忧伤地回家了。

一天，一位新站长走马上任。在观察了那个男人几天后，他终于跟那个男人说："嘿，老先生，我见您每天都坐在这里，然后伤心地回家，您难道不想坐上一列火车一起走吗？""哦，"老人说，"我这辈子都想要去巴黎看看，但迄今为止都没有一列火车直达，巴黎太远了！"

你心里"遥不可及的巴黎"又是什么呢？你一直在观望着什么，但始终没有采取行动，是因为它太大了，还是太远了？又或者是根本就不可能实现的？不要用"远大目标"来限制自己，要学会转变思想，鼓起勇气，然后赶紧行动起来。

6.突破自我设限

许多成功人士都有自己的目标，计划是成功的必由之路，秩序是生活的保障。多年来，成功大师一直力荐我们遵循一些规律，而其他的做法都"不能让人成功"。

因此，成功的道路就很明晰了。

◆ 制定你的目标！

◆ 制订行动计划，包括里程碑和截止时间。

◆ 执行这个计划。

◆ 学会定期整理！

　　然后呢？这个办法对你有用吗？反正对我来说没用。我小时候每天晚上都会在房间的玩具中间挖出一条通道才能上床睡觉，通过学校作业的表现就可以看出我成绩不佳。如今，我却是一位成功的企业家，这从来没有被列入到任何"目标清单"中。红线？不存在的！

　　我还是踏上了属于自己的道路——一条幸福的道路，一条成功的道路，一条没有"目标清单"的道路。当然，我并没有按照上面那个聪明的方法制定目标。

　　如果你想实现一个目标，并且已经对如何实现该目标进行了非常深入的研究，那么，这样做的方法是正确的。例如，你可以按照马拉松比赛的日期和跑完全程的目标时间制订出一个训练计划来实现。

　　对于我们的生活来说，我认为按照红线行事会适得其反的主要原因有两个。一方面，我们的日常生活已然发生了改变。今天，我们生活在一个多维度且充满活力的世界中，这个世界充满了波动性、不确定性和复杂性。一些制定了长期目标并认为自己必须用自律的方式实施的人还在原地踏步，或正如爱因斯坦所说："因错误的计划而取代了意外。"

杜克大学的凯西·戴维森发现，有65%的小学生今后将从事目前都还不存在的工作。"基因顾问"这一2001年前被视为疯狂科幻小说所描述的职业，如今已成为就业市场上最有前景的十大职业之一。

我们的生活是一片充满无限可能性的海洋，每天都会增加新的机会。如果你在此处按照聪明的方法制定目标并坚持执行，你最终将会实现，但有可能会发现它不再像几年前那样美好了。对于生活来说，如果绝对遵循发展路线，你就会发现你所在行业的精英如今正在印度或巴基斯坦，并且只为你薪水的一小部分工作。他们的工作目标虽然实现了，但人生目标却很迷茫。

更正路线或变更目标比以往任何时候都更重要。你需要有勇气来规划自己的生活并进一步发展自己。

不久前，我和家人一起在希腊群岛之间航行。每天早上我们决定去哪个岛屿，计算航向并起航。我坐在方向盘前，选择指南针指定的路线。你可能已经猜到我必须将方向盘向左旋转或向右旋转几圈才能保持原有的方向。是的，必须始终保持！我如果在几秒钟内无法握住方向盘或将其系紧，我们就将离开既定的路线。因为船在风浪中不断移动，必须随时进行调整。

这就是生活中的真实情况。有人认为，我们拥有完美的条件（如完美的搭档、训练技能和强健的身体等）和固定的目标就能沿着路线走下去，但这种观点是错误的。因为，生活是一个不断修正、变化和调整的过程。正如在海上我们会遇到大风和激流一样，在生活中也是如此，我们需要轻松地重新调整方向。

这样会感觉到累吗？如果你认为调整是一场战斗或是徒劳的，并且每次路线的偏离都很烦琐，那么只会令你感到疲惫。但如果你弄明白只有不断调整，帆船才能保持在航道上，那么就会了解改变就是生活的一部分。

另一方面，许多人都会感受到 "明确目标"为自己带来的约束，因为大多数人更喜欢做梦想家而不是计划者。生活中是有无限可能的，他们想在生活中欢乐地游荡。在人格心理学中，我们可以科学有效地衡量和呈现不同的人格类型。我给自己的第一批书中的人物起了一些名字：安娜丽丝·逻辑博士是数字数据事实型的女主角，奥特马尔·秩序是系统规划者和时间管理家的男主角，马克·实干是行动实践派的代表。在这个无拘无束的创意世界中，我创造了思想· 斯普鲁德和实验家伊戈尔·想象力，喜欢学习的旺达威尔斯·知识以及慈善工作的支持者汉尼·真诚。

我们每个人都在这些人格世界的大家庭中，对"按照路线生活"这一主题有着完全不同的想法。基于此，你需要明白作为无拘无束的创意家，你其实不需要生活计划就可以获得幸福。然而，许多无拘无束的创意家会定期坐下来确定目标。但是，这些目标一旦被记下，就会失去吸引力，因为人们根本不会按照计划去执行。

这些无拘无束的创意家可能正在朝着目标前进，但他们在前进的道路上会步履蹒跚，倍感艰难。即使他们发现了一些更好的替代方案，也仍然会有一种空虚感，那就是根本没有纪律可言，也就是没有红线。

因此，不要刻意在生活中寻找红线，而要编织一条五彩斑斓的线，保持放松的心态，因为一旦计划结束，冒险就开始了。

7.你不必为了工作而燃烧所有

我们必须热爱自己的工作吗？

我们必须把爱好变成工作吗？

我不这么认为。因为我就认识一些人，他们更喜欢通过安静、简单、舒适的工作方式来赚钱。他们对没有压力的工作、充足的薪水和清晰的工作时间而感到满意。他们想通过舒适的工作，实现享受自由的私人生活。

有些人完全不希望将爱好变成职业。他们认为自己的爱好很有价值，以至于代入职业生涯中会对其造成不良影响。他们认为，用对模型飞机或历史小说的热情来支持他们的生计是一种巨大的损耗。反之，他们更希望将爱好留给闲暇时的热情，并通过面包来创造自由。

你不必为了工作而燃烧所有，但绝不应该厌弃它。如果你将工作场所视为日常船舰，在你身边有一个可怕的老板作为船长，船舵旁还有有所顾及的同事，那么请拉扯开伞索。如果你每天早晨醒来心情不好，感觉到胃疼，还要通过工作来"消耗"自己，那么，无论做什么样的事情对你来说都是折磨。这就需要你找一份新的工作，因为你的生命和健康更为重要。

你不必为了工作而燃烧所有，只要它能温暖你就够了。一般来说，我们每周有3/4的时间都在工作。在这段时间里，你拥有的欢乐越多，其余的时间和你的私人生活就会越轻松。

此外，你还需要摆脱"应该找到唯一理想工作"的想法。与你性格相符的职业就是你的天职。我们当中有很多无拘无束的创造家喜欢咬牙切齿地寻找他们的职业，原因是许多理想的职业满足了他们不同方面的需求，因此，对一种职业选择的承诺就像对其他职业选择的背叛。

解决方法是找到适合你的工作领域。这个领域可以涵盖不同的工作内容，并且本身就包含许多变数。这可以是自由职业者的工作，也可以是职能机构的岗位，又或是公司全能人才的职位。

你需要明白的是，即使是世界上最棒的工作，也都包含一些无聊的事情。例如，维护Excel表格、进行纳税申报等。所以，千万不要把目标定在100%理想的工作，因为根本就没有这样的工作。

找到一份目前来说能给你带来满足感的工作，并且每天以充满欣喜的态度去工作。这期间你将充满热情和专注，从小事做起，一点一滴履行你的责任和义务。

因此，我们应该学习平衡工作和幸福感之间的关系，然后告诉自己："我虽然不喜欢自己的工作，但它很值得，因为我是充满热情去做的。"

8. 丢掉包袱，释放压力

你是那种在日常生活中"火力全开"的人吗？一到周末或假期，就开始鼻子刺痛，喉咙发痒，膝盖不适吗？

研究人员将这种疲惫感、疼痛不适或周末偏头疼称为"压力后症状"或"休闲病"。这些问题主要出自一些压力较大、责任感较强的人身上，因为他们在"懒惰"时会感到内疚。在闲暇时，他们患病的概率是无压力人患病概率的四倍。其中的原因在于，在压力下我们的身体会释放皮质醇，它会抑制机体对细菌或病毒的免疫反应，如出现咳嗽、鼻塞等症状。这样就可以把身体应对病邪的劳累感束缚在体内，从而使我们表面看起来是"健康的"。

　　一旦我们放松下来，皮质醇的含量就会下降，从而导致免疫力下降，我们就容易生病。对此，最好的解决办法就是在日常生活中，尽量减轻压力，多放松休息一下，呼吸一下新鲜空气。因为你压力越小，闲暇时间就越健康。

　　你是否会想："我们'值得'拥有假期吗？要是我们没'准备度假'呢？"这也是我长期以来思考的问题。有时，我周围有人会说："你又要去度假了，你刚从上一个假期中调整过来吧？"有时会有人说："你真的太刻苦了，脸都累得苍白，现在赶紧放松一下吧，你该休假了！"

　　几年前，我在渴望得到被认可思想的驱使下，唤醒了远远超出自身的力量，坚定地推动着自己的身体运转起来。即使当我患有颈椎间盘突出并且不能举起左臂时，也坚持无痛注射分娩。我当时想的是还要继续前进。

　　有一天，一位理疗师对我说："女士，你还需要做些什么才能让你认识到你已经做得够多了？"

直到今天，我仍然感激理疗师的这番话。因为它让我意识到自己的身体需要得到放松。我们都需要休息，这是本能。例如，运动员在训练后需要恢复体力，因为只有这样，才能取得更好的成绩。又如，农民也知道农田收割后必须休耕，否则将无法再次丰收！

我们不必刻意追求美好的经历或昂贵的物品，也不必刻意满足别人的要求和期望。我们不必努力赢得所有人的赞美，只要轻松自在地生活就可以了，就是这样简单。

9.享受失去的快乐

你是否经常参加社交活动，不管是聚会还是会议？你是否会每隔几分钟就查看一遍手机，以免错过任何消息？如果周日晚上没有计划，你是否会感到浑身酸痛？

如果是的话，那么你可能得了"错失恐惧症"，总是害怕错过什么。人们早在很久以前就意识到有这种现象。例如，患有"错失恐惧症"的患者一贯喜欢在各种婚礼上跳舞，格外活跃，不知疲倦。他们这样做只是为了不错过任何可以表现的机会。你喜欢这种忙碌的感觉吗？如果是，那么请继续保持吧！将这种方式当作你行动的动力。

你是否感觉自己总是不知疲倦，并且明明已经在场却感觉还没完全融入？请记住，每次你同意参加一项活动，尽管你不愿参加而更想躺在沙发上休息，你的"错失恐惧症"也会把你带到该活动中。这些反应不是你真实的内心反应，而是你的"错失恐惧症"在作祟。

你可以每周花几个小时体验另一种方式，然后充分地享受，即将"错失恐惧症"转变为"享受失去的快乐"。你不仅会学会拒绝，还可以完全摆脱消遣和期望的纠结。有了"享受失去的快乐"，你将获得自由和思考的空间。把电源拔掉，让自己休息一下，平静下来放松身心吧。

"享受失去的快乐"让你可以自由决定何时要坚持、何时要放弃，从而带给你宁静和动力。你想何时完成从"害怕失去"到"享受失去的快乐"的转换呢？

10.不用每时每刻被联系

"如果苹果和黑莓都只是水果的话，那么生活会简单很多。"

——亚历山大·威斯

从前有个国王很爱他的子民，子民也很爱他。有一天，一位过路的苹果采摘者给了国王一个魔法盒，国王通过魔法盒可以随时随地与其他人取得联系。这多么令人兴奋啊！在国家会议期间，国王可以向他的朋友伊默龙王子发送文字；在与新婚妻子用餐时，他能够与牧师们对话；在与伊默龙王子通电话时，他还可以通过"Was-los"（聊天工具）向他的妻子道晚安。随着岁月的流逝，国王的生活幸福美满。

但在一天早晨的会议上，部长们怒不可遏地对国王说："我们的粮仓今年又空了，因为你没有及时从我们的领地获取种子。我们要挨饿了！"国王大吃一惊，想要寻找他的妻子问清楚情况，但房间内空无一人。国王急忙查看他的短信，终于找到了他的妻子发送的那条信息："多年来，我一直希望能和你孕育王位继承人，但你有了魔法盒后总是不来见我，我走了。"

于是，国王将魔法盒扔到了城堡山上最深的井中，然后去寻找他的爱人。终于，他找到了他的妻子，并且发誓决不让自己再被干扰。

如果你是因为分心而无法专注做某事，会毁掉哪些收获呢？哪些人会因为你在场却心不在焉而离开你呢？

我们通常认为，如果自己始终能够对正好发生的事情做出反应，就会富有成效并取得成功，但这只是自欺欺人罢了。因为我们很有可能会为了可能发生的事情而错过对我们来说真正重要的事情。因此，我们需要明白到底是什么在推动我们前进，对我们来说真正重要的是什么。

你的注意力多久会被打断一次？平均而言，我们大概每多长时间要从工作中抽出3分钟用来打电话、发电子邮件或与同事交流。即使我们没有受到外界干扰，可能也会进行自我干扰。我们中有些人每天看手机63次，每隔18分钟就会查看一次社交媒体信息。并且，在阅读电子邮件后，我们大约需要64秒才能重新回到工作状态。在受到干扰后，我们需要大约4~8分钟来恢复思路，因此工作效率大大降低。

虽然互联网、智能手机已经给我们提供了便捷的用于与他人密切交流的辅助设备，但是，我们从未学会如何正确使用它。我提倡诸如"深度工作""无干扰工作"和"数码排毒"之类的观念。现在许多公司也已经认识到，在随时都能取得联系的状态下，我们的办公效率会变得更低，于是正在采取积极行动来应对这一问题。一些公司设立了"星期五无电子邮件日"，在办公室设置休息区，还在整个团队范围内推广"集中工作时间岛"的概念，或者选择在白天、晚上或周末彻底关闭公司的电子邮件服务器。

你必须保持怎样的可被联系频率？我们通常会认为，领导、同事或朋友都希望我们始终在线，但其实并不知道我们当时是否方便回复。例如，在一项研究中，有38%的参与者不知道他们的领导是否希望自己在工作时间以外响应与工作相关的电话、电子邮件或短信。

你如果为了不错过任何事情总是"在线"，你可以和领导及同事表明自己在什么时间可以为了哪些事情被联系，其他时间则要放松自己。

你不认为在休闲时间看到工作来电会给你带来压力

吗？弗莱堡大学的研究表明，即使星期日下午的一个简短的工作短信也会明显降低人们周末的满意度。更糟糕的是，在收到一封负面的电子邮件或待办事项消息后，我无法不去想"待办事项"的内容，从而导致本应愉快的假期很快就结束了。

因此多年来，只有在我真正想与别人联系时，别人才能联系得上我。想保持这种状态其实很简单，1995年，我买了第一部手机，经常把它忘在家里，或者手机电池一直没电。因此，我的家人和朋友就习惯了无法及时联系上我的事实。这个办法非常管用，因此，我始终保持了这种不会让别人100％联系到自己的状态。

请不要让自己成为移动通信设备的奴隶，你应明确向周围所有人表明你的态度，并且保持这种只有当你想被联系时，才能被联系上的状态，而在其他时间说："谢谢，但今天不行！"

11.关于"遗愿清单"

也许你看过电影《遗愿清单》。在电影中，两个患有癌症的男人——爱德华和卡特，写下了他们临终前想要完成的事情。许多美国人一直以来都有制定自己真正想做事情清单的习惯。

2007年，自这部电影上映以来，酒吧顾客开始在啤酒垫上涂写自己这一生的愿望，博主们在网上发布了他们的愿望清单，并在卧室门上挂上了关于自己梦想的海报。这些梦想有些很奢侈，例如，睡在价值2500万美元的游艇上、与名人（如理查德·布兰森）一起喝咖啡、去旅行

（包括给大象洗澡）、鼓起勇气做某事（如告诉领导自己的真实想法）、实现理想（如获得博士学位）或参与慈善事业（如成立基金会）等……

很多人会从其他人的清单中获取灵感。当然，你也会发现其他人的有些愿望或想法过于老套或夸张，但正因为每个人的想法不同，我们的清单才会千差万别。你可以创建属于自己的愿望清单，列出你想在生活中做的事情，然后给这份清单加上一份健康的保障。

如果你现在认为这是一个需要及时完成的待办事项清单，那么你可能只是在追逐生活中臆想的亮点而已，而忽略了其真正的意义。

如果没能"完成"清单，我们绝不会更加幸福或更加不幸，因此，请不要将其视为"充实生活"的必选项目。

在创建愿望清单时，我们可以多考虑生活中有趣的、有意义的事情，并记下"办得到"的事情。这么做会让人感到很开心，并能鼓舞人心，因为它赋予了生活更多的色彩，不会让我们因为身体不再强壮而没有完成这些事情而烦恼。将自己的愿望列入清单中，无论是今天还是以后，你都可以将美好的事情带入你的生活。即使是平淡无奇的生活也会使我们内心感到欣慰。

2018年1月4日，年仅27岁的霍莉·布彻死于骨癌。这个澳大利亚女孩在她的Facebook账户中留下了这样一份遗愿清单。

◆ 不要抱怨工作有多么糟糕或健身有多么辛苦，而要感谢你还有健康的身体去做这些事情。

◆ 直到你去世前都不要存钱，因为当生命走到尽头时，一切物质上的东西都无关紧要。

◆ 多与你的朋友相聚，不要买些没用的衣服、首饰或化妆品。

◆ 珍惜别人的时间，做个守时的人，别让别人等待。

◆ 用赚的钱去获得人生的经历，而不是买一堆毫无意义的东西。

◆ 多去感受大自然。

◆ 享受生活的每时每刻，不要总用手机自拍。

◆ 偶尔早起，听听清晨鸟儿的叫声，看看美丽的日出。

◆ 多听音乐……要用心听。

◆ 试着放下手机，和朋友好好聊聊天。

◆ 给你的宠物挠痒痒。

◆ 如果你喜欢旅行，就去旅行。

◆ 要为了生活而工作，不要为了工作而生活。

◆ 多做那些能让你自己内心愉悦的事情。

◆ 去吃些甜点吧，不要有愧疚感。

◆ 对你不愿意做的事情，要勇敢地说：

"不！"

◆ 不要去过别人眼中"有意义"的生活。

◆ 抓住每个机会，告诉你心爱的人，你爱他们。

◆ 如果有事情让你感到不悦，要有能力改变它！

你的愿望清单上又有什么想去实现的呢？

12.停止寻找人生的意义

你是否在寻找人生的意义？寻找你在这个世界上的生存的意义？寻找你今天在这里的目标？

我们大多数人都会质疑自己的行为是否有意义，试图找到推动自己前进的原因。我们可以通过继续教育活动或相关研讨会的形式来明确动机和目标，并在每天做一些与此动机和目标相一致的事情，这样就会让你的行为变得有意义。从而让自己从寻找意义转变为投入到真正需要付诸实践的事情上。

俗话说，人生的意义就是追求幸福。

格言家霍斯特·布鲁德告诉我们，生命的意义在于摆脱某些无意义的时刻。

巴勃罗·毕加索告诉我们，生命的目的在于奉献生命。

格言家米夏尔·科特告诉我们，人类首先应该学会适应，生命的意义在于适应。

这些听起来很实用，不是吗？但我们还是要从桎梏中走出来，看看你擅长什么，并学会与他人分享，这样也很有意义。至少用你的热情去做些事情，或者就简单快乐地做些你一直在做的事情，这些事就会变得更有意义。

你的使命在于去做一些有意义的事情，但这些事情可能非常实际，不一定必须比别人的突出。你想像特蕾莎修女一样做好事吗？那就为你的同事买杯咖啡，或者帮邻居们清扫车道上的积雪吧。

你想发掘自己的才能吗？想想哪些事情你做起来轻而易举。写故事、做饭还是创建Excel表格？你的才能也不一定非得是非常突出的。

想得简单一点，做得实际一点，如此你就不必迷茫于寻找人生的意义，可以更满足地生活下去了。

我的意思是什么呢？你听说过哲学家黑格尔关于医生给病人开"水果"的故事吗？有人给这位病人陆续带来了苹果、梨、梅子和樱桃，但他都不要，因为他想要的只是水果。

当我们寻找生命的意义时，我们经常表现得像上面的那个人一样，紧紧抓住抽象意义不放，却忽略了具体的事物。抽象事物固然可以给我们指明道路，但是在实现的过程中，我们的每一步还是要变得脚踏实地、切实可行才行。我们需要让它成为具体有形的东西，就像真正需要一个苹果一样。

你的"苹果"又是什么呢？

13. 改变习惯

"生活中的所有惬意都是基于外部事物的循环往复。"

——歌德

常规通常被视为任何改变的障碍。你是否认为想要获得成功和快乐，就必须改变自己的习惯？

我却不这样认为。我认为，习惯给予了我们改变自己的自由空间。是的，我也鼓励自己的客户做一些与以往不同的事情，比如，改变餐桌的座位或者读一本陌生作者的书等。这么做的原因是，新的冲动会激发我们的大脑，使神经腱变得兴奋起来。这将使我们富有创造力，并给我们带来宝贵的改变的动力，从而使我们大胆地走向未知的领域。

假如你目前缺乏改变自己的想法和勇气，那么改变习惯是一个很好的建议。抛弃阻碍你实现目标的习惯在一定程度上也是很有意义的。例如，如果你想解决睡眠问题，请在晚上拒绝"下来喝酒"的邀请，或者停止去买那些根本不需要的东西。

如果你目前的生活中唯一不变的就是不断地改变，那么通过改变习惯来改变生活的做法就是个很糟糕的建议。因为你每天的工作都会给你带来不同的惊喜，所以你必须快速而敏捷地做出反应。因为你总是在路上，总是在新城市，总是入住新酒店，你每天可能都会遇到新朋友，所以每次都需要适应他们。

新情况、新环境、新朋友等会刺激你大脑中巨大的计算"引擎"，意味着你的思想和灵魂将没有闲暇时间为你思考和解决更重要的问题。

有时我们需要熟悉的安全感，这样才能决定一些事情，有时我们也需要一如既往的平静，用来增强内心的力量和自信心。这对你来说可能意味着首先要在日常生活中养成一些习惯。

大自然赋予了我们白天、黑夜和四季，我们必然需要遵循一些自然的规律。但是我们也可以利用高科技人为地改变某些生活规律，例如，无论白天还是晚上，爱迪生发明的电灯使我们能永远处于光明之中；无论是春天还是秋天，什么时候都有新鲜的西红柿；高新技术和数字化让我们可以昼夜不停地工作，甚至窝在床上就可以参加在线面试。

内心宁静，是因为其他人都知道什么时候会发生什么，因而你不必不断地讨论或感到困惑，就按照能让你轻松处之的方式去做吧。

14.不要害怕面对失败

你听说过"搞砸之夜"的活动吗？这项活动是让人们讲述自己失败的经验教训。我认为这样的活动很棒，一方面，无数的画册浏览者和演员让这个高光聚会更具人性化；另一方面，我们可以从别人失败的经历中吸取教训。

反之亦然，即使我们失败了，经验和教训仍然可以作为他人学习的案例。这样岂不是很好吗？可以让人为最终赢得胜利凝聚勇气，积累经验。我知道人们通常会用成功或失败来衡量自己的行为结果，就像人们期望慕尼黑再次赢得三连胜一样，没有连胜就被人们评价为"太失败了"，但我们完全忘记了，成功与失败不仅与我们做事的结果有关，还与个人的发展、目标有关，甚至与后者有更大的关系。当我们勇敢地去做某事时，即使没有取得理想成绩，也一定会从中学到很多或在今后得到成长，因为批评总是比欢呼更难让人接受，接受它们需要很多内在的力量。

此外，事情成功与否并不总是取决于我们自己。这并不是要找借口或推卸责任，而是有些事情确实是我们无法控制的。

你需要详细了解各方面信息，而不要将所有金钱都放在一张银行卡里，也不要相信那些向你许诺"金蛋"的人，只管充分准备你的计划。你可以从别人的错误中汲取教训，并从与你的计划相关的、有经验的人那里获得好的建议，以此来巩固和提高自己。不要天真地冒险，事先一定要搞清楚状况，而且永远不要在生活中做任何百分之百成功的保证。

请对执着盯着结果的自己说"谢谢，但今天不行"。如果你在计划实施的过程中陷入困境，就睡一觉起来继续努力，一定要相信自己无论如何总能实现自己的目标。

请为你自己的努力而感到自豪！

我认为有些人对自己的发展是有感知的。这些人总是自言自语，说他们从未失败过。这话乍一听会让人觉得他们很自大，抑或有违我喜欢的格言"如果没有犯错误，就从没有品味过人生"。多数人的确很喜欢诸如先"坠入深渊"后又幡然醒悟的故事，但现实是没有必要彻底搞砸自己的计划或人生，以此来制造一个"值得学习的故事"。对于许多人来说，"失败"一词具有确定的、消极的和否定的含义，这就是他们不喜欢这个词的原因，因此他们并不承认自己的失败，事情还在继续发展。所以，我们不要有负面的或消极的态度，跌倒后爬起来继续前进，必定会走向成功！

我们可以将"失败"一词转换为"获得经验"。在下一个"搞砸之夜"活动来临时，你能否给我们讲讲你的故事呢？

15.停止负面臆想

你是否认为自己被命运所束缚？

相信未知的力量可以使生活更轻松，使人更冷静。有些人认为自己是伟大的创造，与理性的人相比，他们通常能更好地应对厄运，不管他们是否更虔诚，是否感觉自己根植于传统团体或与自然紧密相连。灵性帮助他们不再将自己视为传统意义上的"受害者"，而是借鉴受挫的经验，将事情的发展方向掌握在自己手里。心理学家称"弹性"是能够战胜例如失去亲人、遭受自然灾害等事件给人们造成痛苦的能力，并且不会给人们的心灵留下永远的创伤。

生活中不仅有光明，也有坎坷，每个人都会有居高望远时，也会有坠入低谷时。我们在生活中总会遭遇这样或那样的打击，我们无法预料生活会把什么送到我们的脚边。然而，许多人认为自己只能被动地接受，并因此失去了对生活的期望。因为他们总是臆想出某种沉重感，这使他们无法过上轻松的生活，甚至承受了更多的压力。

如果发生了什么不好的事情，"受害者"类型的人会抱怨只有他们是这样的，也总是这样的，他们无法改变任何事情。他们的座右铭是"整个世界都在跟我作对"。他们经常抱怨："为什么这一切都发生在我的身上？公交车为什么总是在我眼前开走？其他人为什么总能在餐厅占得最好的座位？为什么室友总在晚上收拾厨房？生活太不公平了。"

不幸的是，在"受害者"模式下，人们不会认识到其实世界本身并非充满"污垢"，充满"污垢"的只是他们的感知"过滤器"而已。这也造成了他们的抱怨频频实现，"受害人"看到、听到或感觉到负面影响后会做出相应的反应，很快就会遭遇下一件倒霉的事，或者像往常一样，清理厨房，以减轻室友的负担。他们的同事也知道总会有"勤劳的蜜蜂"去做这些事情，于是，他们便习惯了这样的生活。

然而，事实最终是残酷的，他们会以"受害者"的角色继续生活，并且可能会感觉自己比别人优秀。很多人将苦难归咎于自己，但"受害者们"不太会有这样的想法。"受害者"会轻松地把责任推给别人，认为自己的不幸一定是别人的责任，而自己无须采取行动改变，一切都是理所当然的。

还有就是，他们过得越糟，就越想从第三方那里获得关注、安慰和支持。

你是否发现你周围就有这样的人？他们舒适地沉浸在"受害者"的角色中，并且会经常向你诉苦，甚至对你的生活造成了一定的影响。此时的你是否觉得你反而成了一名"受害者"？所以，请停止那种你自己可以成为别人"救星"的想法，由此，你就可以摆脱这个局面，而将他们的抱怨留给他们自己！

如果你已经厌倦了在生活中扮演"受害者"的角色，那么就请你"清洗"你的感知"过滤器"，并专注于生活带给你的积极影响。首先你需要明白，我们每个人都可能会遭遇麻烦或痛苦，然后你需要积极思考，获取战胜困难的方法，因为一味的抱怨并不能帮你解决问题、走出困境。

一名研究人员有一位助手，这位助手像打了鸡血一样乐观，但使研究人员很烦恼。有一天，他们去丛林里探险，研究人员在收集柴火时不小心砍下了自己的小拇指。

"这真的是一件好事！"助手说道。这使研

究人员非常恼火，以至于他强忍着疼痛将助手绑在一棵树上，然后独自一人继续前进。不久，研究人员遇到了一群食肉动物。但是，当食肉动物看到研究人员缺少一根手指时，就放过了他，因为这群食肉动物的原则只允许他们吃完好无损的食物。

研究人员大喜过望，但同时马上感到愧疚，连忙跑回了丛林去找他的助手。他向他的助手道歉了很多次，并为其松绑。

"师父，不要道歉！你把我绑在树上真是太好了！""你是怎么又觉得这是一件好事呢？"研究人员问。"如果我和你一起去，食肉动物就会把我吃掉啊！"

16.别让主观色彩影响判断

几年前，我加入了一个即兴表演工作室。刚开始时我们做了一个练习，即在房间里走来走去，与其他的参与者打招呼，如果对他人有好感，就拉一下对方的耳垂。

我认为这样的练习完全没必要，因为我不认识在场的任何人，因此，最初我对每个人都抱有好感。由于不明白这个练习的目的是什么，我起身迅速拉了其他二十名参与者的耳垂。

但是令人受打击的是，第五位参与者向我点了点头，却没有拉我的耳垂！第八名也没有！这使我很生气，也就没再去拉第九名参与者的耳垂。当第十个人拉了我的耳垂时，我也拉了回去。练习结束时，我感到非常沮丧，因为有六名参与者都没有拉我的耳垂，我也没有对他们做任何回应。"他们对我有什么意见吗？为什么不拉我的耳垂呢？"我心想。

疑问很快就有了答案。工作室的老师解释说："对方是否拉了你们的耳垂，与对你们本人是否有好感无关。这与他们因见你第一面而在脑海中联想到的自己认识的人有关。例如，如果你碰到一个让你想起你的严厉的英语老师的人，你也许很快就会降低对这个人的好感。又如，如果你碰到一个看起来很像你最好朋友的人，你对这个人的好感很快就会增加。"

我听了老师的话，思想压力一下子就消失了。突然之间，我完全理解了：我们有时看到的现象不一定就是我们所认为的那样，因为我们只是联系到了自己的经验而已，也即是我们之前的经验让我们对所看到的现象有了自己的理解。你是否也从中学到了非常重要的东西？

日常生活中，我们都习惯戴着经验的"眼镜"去观察周围的事物，这会影响我们对周围事物的感知和判断，因为它就像过滤器一样，将信息根据我们的经验进行过滤，让与我们的世界观和特征相符合的消息通过。当它刺激到我们的积极情绪时，可以唤醒我们的记忆。有益的经验会使我们之后在类似的情况下再次运转起来。

但是，如果我们将情况或陈述与消极的情绪或负面的经历联系在一起时，就可能会牢牢地封闭自己。如果我认为我的伴侣觉得我不可能独自一人离开，因为我的第一个朋友不准我这样，而我现在的朋友看起来也总是小心翼翼地试探，那么我根本不会问，更别提真的独自一人去度个短假了。这是因为我们将负面的经验转移到了当前的问题上，而且直接把它忽略掉了。

你还是不敢相信？那么，让我们做个实验吧。请先回答下面两个问题。

问题一：穆勒先生去银行换钱。他的 1000 欧元纸币能换多少 10 欧元纸币？你的答案是什么？

问题二：一个"3 米 ×3 米 ×3 米"的深洞中有多少土？你的答案是什么？

关于问题一你的答案是什么？显然，你可能会说100张，这个问题太简单了。但正确答案是：根本没有1000欧元纸币，该如何兑换呢？通常，回答这个问题的人都会恍悟道："啊，是的！"

让我们再来看看问题二，99%最初回答这个问题的人都会立即说："很显然，27立方米！ 多么简单！"

现在，你已经知道问题一的答案了，那么你会怎么回答问题二呢？你很有可能会纠正你的答案："洞中没有土，它只是一个洞而已。"

为什么你会更改问题的答案呢？ 因为你在知道问题

一的答案后，会发现这些问题就像是"脑筋急转弯"，换个角度看问题会改变你的看法，从而改变你的答案。

你也许从一开始就没有把这两个问题当作真正的数学题来解，说明你已理解其中真正的道理了。

整理往往是主观的，由于我们每个人都会感知不同的事物，并且对不同的事物有不同的看法，所以对于很多事情，都没有十分绝对的答案。

因此，我们对于他人的情况或陈述，不要以自己的经验轻易进行判断与评价，因为有时候，自己的经验往往会引诱你走向歧途，从而蒙蔽了真相。

17.消除烦恼

我们的内心深处都渴望获得幸福，渴望感受内心的平静，但这通常很难实现，因为我们总会有担忧。我们在沉思一些问题时，内心渴望的宁静就被打破了。

星期五下午，我收到主管发来的一封电子邮件，他急需与我们讨论一些事情，并要求我们在下周一进行报告。于是，我周末的忧虑情绪便泛滥成灾。等待我的是被解雇吗？我是否搞砸了什么？团队会解散吗？这样的想法导致我严重睡眠不足，无法享受闲暇的时间。

令人烦恼的是，我们非常理性地知道没有坏事发生或将要发生，但是我们的感觉却截然不同。这并不奇怪，因为担心是一种感觉，是一种对即将发生的事情充满的恐惧感，是突发的不舒服。由于担心的程度并没有超出理智，"一切都很好"之类的积极暗示是毫无帮助的。

好消息是，我们在最坏的情况下不会无可奈何地陷入沉思，因为沉思不是先天的，而是后天的。如今，在苦恼中挣扎的成年人常常经历令人不安的情况，例如，让人痛苦不堪的争吵或生离死别等。如果他们没有成年人可以依靠，那么他们就会因拯救自己而开始自我担心，这样可以对不可预知的情况有一定程度的控制。

此时，你需要消除烦恼，把自己从沉重的思想包袱中解救出来。

你可以这样做。例如，当你的头上出现乌云时，你可以移动到较为舒适的环境中。又如，灾难场景会导致我们的心跳加速，或者让我们开始出汗，在这种情况下，你可以快速绕过附近的街区或在原地跳30下。因为运动会减轻身体负荷的压力症状，你的大脑就会开始相信造成烦恼的原因已经消失了。因此，要记住：多运动，少烦恼。

或者像无忧无虑的人那样，限制自己的烦恼时间。心理学家、滑铁卢大学心理健康研究中心主任克里斯汀·珀顿为此研究出了一个策略，即"烦恼椅"。她建议每天预留15分钟的时间，让自己安静地思考烦恼，并且总是在同一个地方度过这段时间。

因此，不要再给自己压力，别再让自己担心和忧虑，而应当把它们往后推迟，推迟到一个固定的时间。通常我们在约定好的沉思时间中会发现，自己的烦恼已经消失得无影无踪了。在这之后利用好自己的时间，做好预防措施，积极预防可能来临的烦恼。

永远记住，恐惧只是一种幻觉，它并不存在，而是你创造了它，它仅仅是你的想法而已。

富兰克林·德拉诺·罗斯福曾说："我们真正需要恐惧的是恐惧本身。"或者像亚伯拉罕·林肯那样对待恐惧。他建议，每天保持30分钟的空闲时间来处理烦恼，并尝试在这段时间里小憩一下。

18. 脱离自我价值陷阱

20年来，我一直鼓励人们处理好自己和时间的关系，过上幸福的生活。近年来，我发现，很多人根本就没有时间意识，这关系到一个自我价值的问题。

很多人连一次"不"都不敢说，不敢直接用新的方法巧妙解决一个问题或完成交付的任务。他们用完成活动和任务来充实自己的生活，因为他们觉得自己在这个过程中有价值和被需要。他们通常通过付出或者取得工资来定义自己的价值。

你的自我价值又是怎样的呢？在此不是说你的业绩，

而是说你本人。

你的价值不是指工资或报酬。这些金额仅仅反映了你作为雇员或自由职业者给你的客户带来的利益。它显示了你在商业意义上的产出价值，但这并不能体现你作为一个人的价值。只要你晚上把工作服挂在衣柜里，你做过什么工作就都无所谓了。决定你价值的不是你做什么，怎么做才是你赢得尊重的方式。

此外，请不要期待赞美，尤其是自卑的人。难道就因为别人没有告诉你你有多厉害，你就一文不值了吗？当然不是这样的！

即使得到了赞美，对很多人来说，这种效果就像是在阳光下的西班牙喝桑格利亚酒的人的酒瘾一样，很快就会消失。同样，无论我们获得多少认可，如果没有自我价值，这些认可很快就会消失。

怎样才能补好短板？怎样才能拥有摆脱依赖他人认可的幸福感呢？

你可以创建你的"内心记分卡"，并据此评估自己的行为。记分卡就是你全部的依据，并且每天都要这样做。

如何获得自己内心的记分卡？看看别人，你什么时候会特别欣赏这个人？对你来说，别人做的哪些事情是"有价值"的？在你眼中，别人的哪种行为、成就或特质是"有价值"的？

现在就把这些标准应用到自己身上，衡量一下你自己，这样你就有了衡量自我价值的标尺，并且，你可以每天按照个人检查表来激励自己，或者寻找有助于自己成长和锻炼的目标任务。从中你可以看出，出现哪些特征时你能平静地说："我没有，我不能，这不重要。因为它们不会出现在卡上！"

19.再见，完美主义

在开始做任何事情之前，我们都在寻求完美，完美的解决方案、完美的服装、完美的伴侣……如果我们对自己能更宽容一些，我们的生活会是多么轻松自在！如果我们不总是要追求100％的完美，那么在做某件事的时候，我们就是对的！

几年前，我听到了这样一句话："不完美的开始总比完全的犹豫要好。"就是这句话使我的完美主义程度大大降低了。

如今，这个"不完美的开始"在管理界被称为"快速原型"。世界各地的开发人员将不成熟的产品、软件解决方案或服务投放到市场，然后根据用户反馈对其进行改进。这样做的原则是对所有人都有益处，公司不需要再花费数年的时间进行无用的修补。

从现在开始，你也可以将"快速原型"带入你的生活，即开始不需要完美，过程逐步完善，以结果为导向，按照他人的预期将操作的标准设置为适当的水平。

我们要让自己摆脱完美的诉求。因为完美的人有一个问题，那就是经常筋疲力尽且很无趣！正如美国作家、诺贝尔文学奖获得者威廉·福克纳曾尖锐指出的："那些没有坏习惯的人可能也没有个性。"

所以，请热爱并尊重你的不完美！最美丽的花也可以从不完美的土壤中绽放。

印度一个挑水的挑夫有两个大罐子。两个罐子分别从他扛在脖子上的一根杆子的两侧垂下来。其中一个罐子有了裂缝，而另一个罐子完好无损。

年复一年，这个人每天都从附近的河里把水运到村子里。一旦到达村子，其中一个罐子总是装满水，但另一个有裂缝的罐子中的水只有一半。这让有裂缝的罐子感到惭愧，在经过两年的痛苦自责后，有裂缝的罐子对挑夫说："我很惭愧，我想向你道歉。裂缝使我不能把所有的水运回家，尽管你很辛苦。"

挑夫回答说："难道你没有注意到你经过的一侧路边有美丽的花吗？而另外一边却没有。我知道你有裂缝，但这就是为什么我在你那一边的路上播种花籽的原因。每天在回家的路上，你都能灌溉种子。两年来，我已经能够采摘这些花，用它们装饰我的房子了。如果你是完好无损的，我将不能拥有这一切。谢谢你给我带来的快乐！"

20.人生的一切都是自己内心的投射

有位作家曾在一本书中提到："人们所看到的东西在很大程度上取决于他们在寻找的东西。"这是在我看来很恰当的说法，因为它清晰地解释了我们为何会提出不同的观点。我们的感知在一定程度上取决于我们的经验，同时也取决于我们的期望和切身的利益。

为什么我们会反复思考我们想要的是什么？我们想要体验、拥有、尝试什么，想要认识谁？

在你想象拥有或想要体验新鲜事物时，就已经影响了自己对世界的看法。例如，如果你想买一辆银色奥迪汽车，你会注意到什么？答案是银色奥迪汽车！如果你有孩子，回想你怀孕期间，你都会看到什么？答案是推婴儿车的父母或者挺着大肚子的孕妇。

我们内心的愿望改变了我们的视野。随着视野的改变，你将会看到机遇和可能性。例如，你要在"自述"出版社出版一本书，并且你想认识负责任的编辑。次日你将"偶然地"得知这个人将参加小组讨论，与大家交流互动，其可能会认为你的图书创意很棒，只要你参与其中。

虽然，这不能保证这本书会成功，但毕竟增加了成功的可能性。如果你不希望它是"自述"，那么你根本不会注意到该事件的公告，对吗？并且你还可能错过这个机会。

因此要敢于想象，憧憬一下你在未来几周、几个月、几年内想体验什么，仅这一点就能帮助你更好地捕捉机会。你不必制定目标，因为这个愿望已经作为一颗启明星照亮了你的道路。

在这种情况下，还要看你对生活的态度，如果你是一个悲观主义者，只等待着生活中最糟糕的事情，那么它就会发生，因为你总是看到你没有的，而看不到希望。

让我们做一个练习。请环顾四周，现在注意你视线范围内所有的红色，其次橙色、黄色、绿色、蓝色、紫色、黑色和白色。

对此你感觉如何？你在第一轮注意红色时，看到紫色或黑色的事物了吗？答案应该是否定的。因为你在不知不觉中没有找它，你的目标是红色。当然，它们一直在那里！你只是没看到它们而已。

因此，你可以偶尔改变你对生活的看法，有意识地寻找一些事情，这些事情可以使你平静，可以增强自我价值，可以使你变得勇敢。例如，如果目前你对周围的其他人感到非常恼火，请停止接收有关他们的信息，并将注意转移到其他积极的事物上。

你的未来，很可能取决于你想要看到的东西或正在寻找的东西。并且，你需要从中找到适合你的。

　　一只狗从它的狗圈里溜了出来，沿着乡间小路小跑到庄园。期间，它发现狗圈后边有一个泥潭。它兴奋地在泥潭里打滚，在废料堆里玩耍，用它的鼻子用力地嗅着，最后发现了屋子后面的垃圾桶。它边寻找食物，边漫步在鲜花和蔬菜地上，愉快地在宜人的花园中玩耍。回到农场时，看到它的鸡兴奋地摇晃着脑袋说："我听说庄园非常漂亮，房间宽敞，有精美的墙纸和昂贵的窗帘，墙上有珍贵的画，到处都是金银。你看到了吗？"狗嘟囔道："不，我什么都没看到。无论看哪里，都只有灰尘、腐烂的食物、烂泥和垃圾。"

21.不需满足所有人的期望

你是否总想取悦所有人？你的行为是否让自己以及周围的每个人都能感到满意？"讨好型"的现象是普遍存在的，但不幸的是，我们不可能始终讨好所有人，因为无论你做什么，总会有人认为你的行为不能被接受。因为他们只看到他们想要看到的，并且会时常有选择性地进行判断，只是因为他们对你的期望与你对美好生活的期望不符。

因此，请你做出正确的理解，那就是我们对有些人是有义务的。例如，作为父母，我们有义务给予孩子爱和安全，为他们提供健康成长的保障，让他们成长为健康、独立的人。因为是我们把他们带到这个世界上的。但千万不要在你的父母、朋友、老师和周遭的期望下生活，不要再想讨好所有人或满足他们所有的期望。是什么让他们有权利期望你做什么事情？下面的故事在几年前让我茅塞顿开，并且让我的疾病也突然间消失了，现在分享给你。

　　一位父亲带着他的儿子和一头驴在正午的高温中漫步在克山尘土飞扬的街道上。他们一走到驴旁边，一个陌生人就嘲笑他们："我不想那么愚蠢，你们带着驴，而它什么都不做，它没有驮着你们，也没有给你们带来什么用处。"片刻之后，父亲坐在男孩正牵着的驴子上。"可怜的男孩，"一位路人对这个父亲说，"他的短腿试图跟上驴的速度。看到孩子跑得这么累，你怎么还能悠闲地坐在驴上呢？"

　　父亲对此感到羞愧，便下来让男孩坐了上去。

谢谢，但今天不行

不久之后，另一位路人提高了嗓门说道："太过分了，这个小男孩竟然坐在驴上，而他可怜的年迈父亲却只能在旁边跟着走。"小男孩很难过，他让父亲也坐在驴上。

"你见过这样的事吗？"一个女人说，"虐待动物！可怜的驴子的背塌了下来，无用的老人和年轻人都坐在上面！"

被指责的父子俩互相看着对方，一言不发，都从驴子身上下来。父子俩随后决定将驴绑在一根杆子上并将其运回家。他们很晚才到家，筋疲力尽。那个女人说："这可能是两个傻瓜！为什么不让驴子自己跑到它的厩里去呢？"

父亲把几根稻草放到驴子的嘴里，然后将手放在儿子的肩膀上，说道："不管我们做什么，都会有人不理解。我认为我们需要做的就是做自己认为正确的事。"

22.真正拥有独立的自我意识

你是否认为自己是一个有自主意识的人？"当然！"许多人都会这样回答。"我自己可以决定做什么和不做什么。当然，我也会参考其他人的意见，但这就是我的决定！"

从法律的角度来看，这种说法与我们的文化是相符的，在遵守法律和法规的前提下，我们仍然能够自由决定自己做什么。

但是，实际上很少有人在独立地生活。我们大多数人的活动都会受到外界的影响，尽管那是由我们自己决定的。这互相矛盾吗？我们是如何让外界影响我们的？因为我们的潜意识在影响着我们，在潜移默化地影响我们的行为方式。

你是否擦亮了眼睛，并清楚自己在寻找什么。然后，你会发现关于你潜意识行为所带来的有价值的影响，同时我们的文化也起着重要的作用。你所在地区、所应用的价值观都规范、塑造了你的行为。我们分别被赋予了女性"正确"的角色和男性"正确"的角色。根据国家和地区的不同，我们有完全不同的象征意义、角色、生活习俗和行为习惯，这些对我们而言似乎是正常的。例如，印度的种姓制度规定了人们的住所、可以从事的职业以及可以结婚的对象。在中国，吧唧嘴吃饭，大喊大叫地喝酒会被认为是不礼貌的餐桌行为。但是如果在进餐时不发出任何声音，就又可能说明饭菜不合胃口；如果谁的盘子空了，可能就需要主人的帮助，因为这意味着想要补充食物。风俗习惯和规范为人们提供了一个框架，人们就是这样生活，这样做的。

所有我们看到和体验到的，有意识或无意识地接受的一切都塑造了我们对人们正确行为的观念。我们的信念来源于与父母、朋友、老师和邻居的交谈和观察。我们从电影和社交媒体的帖子中学习到什么是"正确的"。

但不幸的是，许多误解也悄悄渗入到我们的观念中，因为很多时候，我们听到的陈述或观察的榜样根本就是不对的。但由于他们是权威人物、意见领袖，所以我们还是选择相信他们。

你听说过"货物崇拜"一词吗？

"货物崇拜"被称为对外部行为的表层模仿。例如，我们模仿成功人士的行为，期望得到财富和威望。在科学和管理学中，这个词被用来描述一种形式上正确但毫无意义的工作方式。

与"货物崇拜"一样，我们保持了我们认为"正确"的信念。由于这些信念，我们（无意识地）以某种方式活动。

　　如果这是鼓舞人心的信念，对我们的发展可能是积极的。但是，如果这是消极的信念，那么会极大地减缓我们的前进速度。

　　生活中你在哪里会有"货物崇拜"的表现？哪些是你直到现在还没有意识到的荒谬行为？你是否感受到哪些句子和行为模式可以被简单模仿？

　　揭开"货物崇拜"的面纱，使自己成为一个真正有自我意识的人吧。

23. 被注视的力量

　　他人的意见是你想成为的样子或保持自己动力的最佳参照。这里不是说你必须做别人告诉你应该做的事，因为我们并不想这么做。你肯定了解这样的场景，你说："我必须还要……"接下来，你可以把它改成："我还想要……"现在，你可以感受到这是否是你真正想要做的事情了。

　　如果你想要什么，考虑别人的意见可以使自己更有可能取得成功，重要的是这关系到"对的人"对你的看法。对你来说，"对的人"是那些能够（不自觉地）使你展现出你最好一面的人，或是（无意识地）帮助你保持积极乐观心态面对困难的人。

村庄里的谈话，公寓楼里的谈资，社会的监管也在一定程度上为我们提供了一个支撑框架。各种规章制度也防止我们成为自私的人，并确保彼此之间相互尊重。

你的行为举止不会受到外界的影响吗？社交、公正、诚实、赞赏、持续性、生产性、有目的性……那么这种行为显然是你所面对的情况下非常重要的内在价值之一。不管有没有人关注我们，我们都要坚持到底。尽管我们经常说这对我们很重要，可一旦没人看着我们，我们的行为就会大不相同，或者有很大的反差。一旦我们感到被注视，我们就会不自觉地展示出我们最好的一面。

你是否察觉到自己碰到过以下这种情况？

当我们独自站在路边等红灯时，我们可能会闯红灯，但如果还有其他人在场，我们则会安静等待，至少等到有一个人往前走时我们才会再走。研究表明，只有2/3的女性和1/3的男性会在使用完公共厕所后洗手。只要有其他人站在洗手盆旁，几乎没有人把没洗的手伸出来。如果公开募集，教堂的募捐箱中就会有大量的钱进入。一旦改为将钱装在小袋子里并提前放入募捐箱中，募捐收入就会明显下降。

那些受到关注的人的行为会有所不同，20世纪20年代以来，这种现象被称为"霍桑效应"。当时，芝加哥西部电力公司霍桑工厂的一项研究探讨什么样的照明能使工人工作效率提高，结论是无论工作场所的照明如何，所有测试组的工作效率均会得到提高。

位于匹兹堡的卡内基梅隆大学进行的一项有关家庭用电量的研究也证明了这一点。研究人员评估了5600户家庭的用电消费数据。他们通知了一半的家庭有关"用电量的分析"的结果，而另一半家庭则没有通知。结果，没有被通知的家庭用电量没有任何变化。被通知的家庭在接受调查的那个月，平均用电量下降了2.7%，之后才再次上升。科学家认为，这清楚地表明了行为被关注的感觉改变了受影响者的行为，使他们更有意识地关注自己的行为。

这对你来说意味着什么？你需要让有意识的观察者了解你要解决的变化。例如，如果你想运动，那就和爱运动的人在一起；如果你想吃得更健康，那就与知道自己该吃些什么的人一起吃饭；如果你想变得时尚，那就和时髦的人打交道；如果你想拥有整洁的公寓，但是对你来说整理一下却很难，那就定期邀请朋友到家里来做客。

马克·奥雷尔曾说："从长远来看，你的灵魂会呈现出你的思想色彩。"这更适用于你周围的环境和身边的人，从长远来看，你的灵魂会呈现出周围环境的色彩。

可以寻找一种能让你的特征展现出来的环境，我将其称为"社会控制"或类似环境的动态变化。寻找你理想的外部环境，这样你就可以更加轻松地遵从自己的内心。

24.把你的借口扔进沙漠

有的人能说会道，碰到查票员而自己没买车票时会说："恰巧和我的三明治一起被吃进去了！"没有完成作业时会说："我的作业昨天被我的狗撕碎了。"不想练钢琴时会说："我需要快速包扎一下左手，不好意思，我的手指最近受伤了。"

我不得不承认，包扎左手这个故事是我的亲身经历。小时候，我讨厌弹钢琴，因为总是坐着不动。包扎手是不必在课堂上表演的绝佳借口，一切都进行得很顺利，直到钢琴老师打电话给我的父母，表示她很担心我的伤势，事情才暴露了。

我为此感到羞愧，但是后来也松了一口气，因为说谎的时间已经过去了。最终，我意识到自己一直都很难受。借口只是表面上给了我勇气，但实际上这使我成了一个不诚实的小孩、一个不值得信赖的人。我决定学习钢琴，并以我按详尽的计划执行替代了廉价的借口。

我曾发誓永远不再找借口。如果自己致力于某件事，一定会坚持下去。直到今天，我还没有违背这一誓言："按照你的承诺行事。做到让别人可以信赖你。"这仍然是我现在对自己最基本的要求，可能也是我对于他人廉价的借口敏感的原因。

你呢？你对你计划做的事情有约束力吗？你坚持了你承诺过的事情吗？当然，一定程度上，我们可以更改我们的计划和意见。但是，你是否会在哪里放弃你的承诺并以廉价的借口来逃避呢？

你想成功吗？那就坚持做你决定的事情，别再给自己找借口了。例如，如果你想创建播客，两集之后不要停止更新，你也许会说"反正也没有人听"，但成功不是一朝一夕的事情。

不必对别人说你的借口。你收到了订单而你的计算机却出现了故障？尽一切可能按时交货，不要等到延期后才说你的设备出了问题。你应该如实反映情况，即使找个借口会让事情变得更容易。

为了能获取成功，不要让借口削弱你的声誉。毕竟，谁都不愿意和不能被信任的人交易或开展业务，或者在出现失误时不承认自己的错误。你总会在生活中找借口，但这并不能解决问题。

作家查普曼曾说："借口不过是自愿承担的路障。"趁现在，把你的借口统统扔进沙漠去吧，因为你不再需要它们。

25.不要被学习所束缚

　　我坚信学习知识能使我们开阔眼界，为自己的生活提供各种机会。我们所训练的技能可以让我们在职场或自由职业市场上具有竞争力，额外的资历可以确保我们能够完成工作和任务，或在被裁员时为我们提供新的选择。

　　那些停止学习的人也将停止成长。那些受过教育或进行过大学学习的人，在那之后再也没有坐过学校的长椅。然后，当他们失业时，他们苦涩地抱怨，因为他们的知识不能再满足社会的需求。那些抱怨每年"不得不"在雇主那里参加两次培训课程的职工，请醒醒吧！学习是对未来最好的投资！

但我倒想奉劝一些人停止学习。在谋求自己的理想职业或在创业之前，不得不承认学历、学位固然重要，而且只有具备相应的资格才会有机会。但是要知道，学习可以通过多种方式进行，请不要对形式上的东西进行刻意的追求。

当我在"时间管理"这个领域中突然被称为"专家"时，我常常感到不安，因为肯定还有很多我不知道的技能、方法和技巧。于是，我读了蒂莫西·费里斯的《每周工作4小时》一书。他在书中写道："不用担心，首先'专家'意味着其比买家更了解产品销售领域的知识而已，此外也没有什么其他的了。你不必是最好的那个，只要比潜在顾客好一些就可以了。"这段话真是令人欣慰！如此，我便能够在情感上接受"专家"这个称号并从工作中得到成长。如果你能够比获取你知识的人知道得更多，那么你就是"专家"。如果你已经可以使用这些知识帮助他人解决问题，那么你就足够优秀了。当然，你可以并且应该保持好奇，继续学习，持续成长，但首先，你要有足够的知识储备。

请让自己摆脱必须拥有一个证书的要求。我经常和想换职业的人交谈，他们确切地知道哪个职位是合适的，但是他们没有相应的资格去申请。他们通常已经进行了与工作相关的活动，并且对此有很多的经验，但是没有证书。我给出的建议是："你现在就开始准备申请！"明确说明你所具备的理想职位要求的相关经验。因为，实践经验通常比理论知识更有价值。

　　公主得到了一只美丽的鸟儿。宫廷珠宝商为其做了一只金笼子，这只鸟儿在公主房间里唱着欢快的歌。但是几天后，这只鸟儿变得沉默，令公主非常难过。国王沮丧地把这个国家的所有智者召集起来，想要鸟儿再次唱歌。第一个智者建议给鸟儿少吃一些精致的食物，从而放松鸟儿的声带；第二个智者建议把来自遥远国家的欢快的图片贴到墙上，从而通过放松鸟儿的心情让它再次发声；第三个智者给这只鸟儿读了有趣的文字。但是这些建议都没有用，鸟儿还是保持沉默。

这时，一个年轻的旅人听说了这位悲伤的公主和那只沉默鸟儿的故事，便敲开了城堡的大门，表示可以提供帮助。国王和他的侍从嘲笑他说："我们这里有全国最聪明的人，他们中都没有人能提供帮助，你这么一个普通的旅人能提供什么解决方案呢？"

鉴于没有其他的办法可用，国王就让旅人进入了公主的房间。这个旅人看了一眼那只鸟儿，说道："给鸟儿自由，然后它会再次唱歌！"公主惊讶地看着他。她打开了金笼子的门，鸟儿从敞开的窗户飞向蓝天，转了几圈后又落在窗台上，欢快地唱了起来。"你是怎么知道给它自由它就会唱歌的？"公主问。年轻人回答说："这是经验，当我享受我流浪生活的自由时，我也会唱歌的。"

26. 用数据、事实指导行动

你如何看待数字、数据和事实之间的关系？你喜欢计算吗？你喜欢收集信息吗？你喜欢进行概述和评估吗？ 如果你喜欢，本篇对你来说可能很具颠覆性。

如果你不喜欢，那就继续读下去吧！如果你没有把系统化分析的运用当作我们处理事物的依据，那么根据以往的经验，你并没有协调好数字、事实和概论之间的关系。

这虽然不是悲剧性的，但它有时会让你感到不满，甚至阻碍你前进。因为当你在遇到紧急情况时没有做出决定，或者你的担心使你停顿了下来。

我们经常阻止自己，因为我们缺乏对进行下一步的必要认知。时常，我们在心里告诉自己"这肯定行不通"，但我们的大脑无法反驳，因为它只能根据少量的信息做判断。

举个例子，马克跟我说他想进行一项远程学习，但经济条件不允许。他有三个孩子，这让他没有办法一次性掏出12000欧元的学费。我问他，这笔款项是否在学习开始时就要一次性付清。他惊讶地看着我说："我不知道，我只是看了最后的总数。"第二天，他打电话给我说，学费是每学期期末支付的，即每学期是3000欧元，也可以每月支付500欧元。说罢，他便立即注册支付了。

还有一个例子，一位教练说他如果有10万欧元的高薪，他就可以从事他理想的工作，然后辞去目前的工作。10万欧元的高薪是一个很可靠的经济后盾，可以让他安然入睡。当我问他存了多少钱时，他想了一下后耸耸肩说："老实说我并不知道。"在接下来的教练课上，他向我微笑着，令人惊讶的是他的账户中已经有10万欧元了。如此，理想的工作道路已然很明确。

这很琐碎吗？是的，但现实情况通常就是如此。我们经常因为缺乏相关信息而封闭自己，特别是在数量和金钱方面。将财富教育或企业经济学的基础知识作为学校课程将帮助我们更快地使自己拥有健康的财务状况。

你目前有没有在哪个项目上取得进展？你会在哪里只尽一半力行事？

做好收集所有数据和事实的工作，并清楚地记录下来。信息会使你的项目思路变得更加清晰、明确，从而更具可行性。通常，我们已经拥有了曾经没有的一切，只是我们不知道而已！

27.成功没有捷径

我是一个梦想家、思想家和观察者，我的精力一直很充沛并乐享其中：推动新项目，进行采访，举办研讨会和讲座，在飞机上或旅馆里修改自己的手稿，优化课程和讲座，完成洽谈合作，撰写博客和播客。虽然我的工作很多，但是这对我来说很容易，感觉不像是在工作，我也很享受这样的时光。

因此，"什么都不是"这句话一直困扰着我，因为它听起来就像一个厨子发出的抱怨。我坚信即使不"成功"，你也可以轻松地感受成功。

导师曾向我保证不用做很多工作就会变得很富有。他向我承诺在一个不错的网上商店系统中，一个月的销售额可以达到21000欧元。其他人表示，通过YouTube，每个人都可能在一夜之间成为百万富翁。还有人向我展示如何使用五个简单的工具实现演讲收入突破五位数。

我注意到了这些，且听同事说，他们花了不少钱，希望尽快拿到一大笔钱。他们预订了高价的专家在线课程和周末研讨会，因为"专家"承诺他们会成功的。他们制作了十余部视频，希望成为YouTube广告赚钱的赢家。他们买了几个月的"策划"，只为了把场景润色得更加完美。他们向代理商支付了五位数的金额，来启动数字产品的营销机器。

然后，他们失望地发现自己并没有成功。

那些富有的人与19世纪淘金热中的人一样。富有的不是淘金者，而是卖铁锹的人。

当然，还有许多信誉良好的供应商会陪伴客户一步步走向成功，我很乐意看到他们和基础服务的提供者在盈利上取得成功。但是，令我痛心的是，许多叫卖式的"专家"带着他人的希望来捞钱。

我知道这不是一个新现象，供应商始终以快速赚钱的方式来满足自己的需求。有很多人找到他们，并且依托他们。充满活力的闪闪发光的线上世界只是一个新例子，是一个在"一夜之间"就能取得巨大成功的童话。

我从不认识一个凭空获取百万美元业务的人。在取得突破之前，所有成功的人都以某种形式辛勤耕耘、播种了一段时间。因此，要进行金钱、时间、学习上的大量付出。可能这只是我个人的观念，但我很庆幸，因为它可以保护我免去不必要的花销。

好消息是，还有自然生长的星星持续存在并不会昙花一现般很快消失。安迪·沃霍尔的预测是正确的："时间到了，每个人都会出名15分钟。"但这15分钟将停留，你不会因此而致富。

通过YouTube的广告收入赚钱？这当然是可行的。但并非一蹴而就，而需要保持学习和进步。我认识一些成功的YouTube博主，并一直关注他们的发展过程。例如，朱利安·巴姆是德国最成功的YouTube博主之一，拥有超过400万的订阅者。他会写歌、唱歌、跳舞，精通好几种乐器，另外还掌握制作视频的技能。2012年，朱利安·巴姆在YouTube上发布了他的第一个视频，此后每周持续更新作品。他是一夜之间成功的吗？答案是否定的。天赋和长期的付出使他得到了回报。请不要混淆销售与收入，朱利安·巴姆说他通过自己的视频点击量每月收入21000欧元。YouTube视频要在工资、服装、道具、办公室租金等方面持续投入，是一个亏本买卖，然而，这些视频却塑造了他的形象、推动了他的成功，并给他带来了不错的合作机会。

音乐家哈里·贝拉方特曾经说："我花了30年的时间才一夜成名。"可惜的是，我们常常忘记这句话是多么的真实。因此，不要幻想快速获得成功，而是要经过辛勤付出，然后你才可能有所收获。

正如中国的一句老话所说："不要揠苗助长。"

28. 找到解决问题的方法

你知道"鲁比克魔方"吗？ 在我还年少的时候，就为这个六色魔方坐了几个小时，抓耳挠腮地思考并抱怨，因为没有完成便最终不抱什么希望了，于是便把它拆了。拆卸后，我将各部分重新分类并重新组装。为了确保一切顺利，我甚至还把人造奶油抹到了塑料组件上。

我总是惊讶地看着自己的同学以飞快的速度旋转着魔方，他们可以在几秒钟内就把魔方转好。几天后，我发现放在衣柜深处的魔方有股腐烂的味道，就把它搁置在一边了，认为自己永远也无法做到。

时光荏苒，我现在已经是两个孩子的母亲。我的儿子把魔方拿出来，听我笑着讲述自己不堪回首的经历以及使用人造奶油拆卸魔方的技巧。儿子惊讶并同情地看着我说："但是妈妈，网上有关于转魔方的说明！"

原来，魔方不是用魔法技能而是用简单的技巧就可以解开的。我现在想想，那时我的所有同学都没有告诉过我转魔方是有技巧的。在我十几岁的时候，也没有发现隐藏在其背后的技巧。

那天晚上，我若有所思地把儿子的魔方放在手里，突然间意识到自己人生的一种模式。因此想到我必须依靠直觉发现事情是如何进行的，必须为自己制定解决方案。"因为有一本说明指南"这句话使我清楚地知道受困扰的频率和时间有多长，这对我来说非常重要，尽管对我而言，依靠技术和成熟的工具会容易得多。

以下是我因为不想借鉴指南、技巧而发现的三种学习新事物的方式。

方式1：陈述性知识（书籍、指导、研讨会）。

方式2：试验和错误（试验、尝试和经验教训）。

方式3：模仿。

你是什么样的学习类型？你是否按照操作说明操作技术设备，还是不断试错？

为自己解决问题是一种乐趣。回想起来，如果我寻求并采用这些技巧和方法，就可以省下很多时间和麻烦。

尽管有课程、指南和技巧能使你更快地达到目标，但你仍然要自己搞清楚缘由。剪辑视频；使用料理机；用华丽、激情澎湃的语言进行一场精彩的演讲；将篮球投入球筐；轻柔地跳恰恰舞；有说服力的沟通……所有这些都有相应的技巧和方法。

你希望得到什么技巧呢？

29.停止抱怨

你通常花费多少时间来争吵、抱怨、斥责或者批评？如果你很生气，现在也不要拿什么撒气。你是否经常抱怨无法改变的事情（如天气、股票市价、企业管理决策），或者你基本上不想改变的事情。在我的演讲中，观众通常会在5分钟到2小时内回答这个问题。

假设你每天为自己无法改变或不想改变的事情抱怨10分钟，在70年的时间里，你抱怨的时间将达到255500分钟，也就是你生命里的177天。进行比较后，根据研究人员的说法，亲吻在我们70年的生命中只用了76天的时间。

177天让你感到气愤，而只有76天是用于亲吻的！这很清楚地表明了立即停止抱怨的重要性，也请让你周围的其他人不要抱怨，因为这不仅可以节省你宝贵的时间，而且对你的心情和前进的动力也非常有益。

请停止寻找问题，因为也许压根就没有问题。停止对那些惹恼你或使你不快的人和事情的抱怨。因为影响你情绪的不仅是外部因素，还有你看待他们的方式。因此，解决你可以解决的问题，其他一切你都应该接受。

"痛苦在生活中是不可避免的，痛苦总是个人的决定。"萨莉娅·卡哈瓦特说。他在15岁的时候失明了，然后他的故事被拍成了电影《与生命有约》。

当然，也不要不断地批评别人。是什么让你觉得自己比别人更优秀？是什么让你确信你对事物的看法是正确的？我们都是不同的，也都是平等的。因为每个人从根本上都想要快乐、被爱和被理解。你可以敞开心扉，尝试了解他们不同的想法。如果你拒绝了解你不知道的事，那才是最无知的！

有意识地停止抱怨，这是受到了来自堪萨斯城的威尔·鲍文牧师的启发，我推出了一本书，书中附送的黑色手镯上带有"去吧"的字样。我邀请读者带着这个手镯来参加我的演讲并让喜欢抱怨的人把这个手镯系在手腕上。来参加的读者要快速寻找值得被称赞的事物，使自己感到高兴，然后将手镯戴到另一只手腕上，并且设立21天不挪动手镯的目标。

如果有一天你做到了，那么你就有了提升。看着手镯找到生活中积极的事情并为此感到高兴，你会发现你的生活会变得更加轻松和美好，因为你把注意力集中在了美好的事情上。

30. 如何正确应对恼人的情况

生气时你会怎么做？你真的会因为某人对你不满而恼火吗？还是会因为一个项目没有按照既定的方式进行而恼怒？有些人会发泄怒火、叫嚷，还有一些人会忍住气愤。从长远来看，这两种做法都不利于健康。

我今天想介绍第三种方法，来正确应对恼人的情况。2011年，我重新启用博客，并为新书宣传开设了网店。一家网络代理商向我展示了来自其他客户的示例页面以及商店解决方案。一切看起来都很棒，就是我想要的样子。接下来我收到了五位数的报价，并签署了协议，直到八月份的假期一切都应该生效。

在我休假前不久，收到消息称页面已准备就绪，当我登录该代理处的受保护区域时却感到很困惑。原因是该博客被设置了一个页面，但我的600多篇博客文章却一篇都没有。代理已经完工了，但是当我下订单时，并没有收到PDF格式的发票，而只有一封未经统一处理的电子邮件。我告诉经理页面还没完成，缺少内容，代理解决方案也与约定的不同。负责人回答说："我们完全按照约定中的要求去做了。我们重新为您的博客做了视觉化效果，但从未谈论内容的重新定位。""并且代理也与您向我展示的内容有所不同。""是的，"负责人说，"我们向您展示了最好的示例。您虽然看上了保时捷，但却订购了一台菲亚特熊猫，我们对此也无能为力。"

我对代理机构的唐突无礼感到非常愤怒并挂断了电话。作为网络的门外汉，我并不熟悉这些报价的内容。我以为会实现之前约定书中所提到的那种效果。到今天为止，我仍然在办公室里来回走动，并为此事而怒吼、斥责并感到沮丧。

直到突然想到一句话："科尔杜拉，你的学习任务是什么？为什么生活会让你经历这件事情？你应该从这件事中学到什么？"

我的第一个冲动回答是："我从中学到了实际情况往往比想象中有更多的阻碍。"但是后来我才意识到自己学到了什么，即每当我想要做某事时，总是会立即想要做成，并没有花时间去思考一些问题。例如去质疑报价，去征求双方的意见，去思考如何让事情变得完善并有可商讨的余地，再大声地说："我现在就想要！"而我之前总是仓促并且很容易轻信别人的承诺。我意识到，之前经常按照这种模式行事，且大多数情况下都会出问题。

下次，当你想要放空自己的时候，记住生活是包裹着难题的礼物。礼物包装纸可能会很难看，但能使你内心成长的礼物更有价值。

31. 用冥想让脑海中的"猴子"安静下来

冥想有助于减轻我们的压力，延缓我们的衰老。当我还是青少年时，喜欢有趣的课程，如太极、雅各布森放松疗法等。但冥想对我来说似乎是无法实现的，只要我试图什么都不去想时，就容易思潮起伏，即脑海中的"猴子（指脑海中的过多思虑和杂念）"越是活跃，心中的宁静越是荡然无存。

我甚至怀疑过自己的意志力，当我不想多思考时，就越是思考得多。"这应该没有那么难"，我心想着并已走在学习"正确"冥想的路上。但我比想象中更快实现了目标。

根据杜登的说法，当我们考虑某些事物时，我们的内心就在冥想。冥想意味着引导思想、激发情感。它既不是昨天也不是明天，而是此时此刻。但是它也并不意味着仅仅是思考而已。

当头脑中的"猴子"活跃时，斥责它就能让它保持安静吗？不，我们可以让它成为朋友并给它一份工作，例如注意我们的呼吸等。"当然会有想法，别在意，你只要继续注意你的呼吸。"冥想大师曾说道。

好消息是我们可以通过不同的方式来进行冥想。我们可以使用在课程或者应用程序中学习到的技术。你可以学习步行冥想，有意识地将一只脚放在另一只脚上，直上直下；你可以思考句子、图片或者通过品味墙上的禅宗横幅来静坐冥想；你可以通过瑜伽、运气功、打太极等来帮助你进行冥想；你可以通过倾听有指导性的音乐来冥想，也可以探访你内心深处的秘密花园，等等。这些做法没有对错，都是可以进行的。

　　但是你也可以简单地在日常生活中仔细感知并对其进行"冥想"。在接下来的几个小时中，请注意自己正常的手部运动，如果此时此刻感觉不费吹灰之力，就可以更加频繁地有意识地做这项活动。

　　当你走在街上，让脸颊沐浴在阳光中，或者坐高铁、按摩穴位、唱歌跳舞时，你都可以用头脑中的"猴子"去思索。在高空绳索课程中、在漂流或射箭过程中、在切洋葱的过程中，或在擦拭灰尘或刷鞋子时，你都可以做到最好。简单来说，你对你所做的一切事情都要充满热爱并保持全神贯注。"专注使你回到当下。"越南高僧和诗人蒂希曾说。我认为他说得很有道理。

　　你最近还好吗？你可以通过呼吸、运动、唱歌等技巧来思考，从而运用你头脑中的"猴子"。无论何事，只要是能帮助你的，就是正确的。

　　马克斯·普朗克研究所的长期研究"资源"也证明

了这一点。在状态、影响、角度三个模块中，志愿者学习了11个月的技术，例如呼吸冥想和身体扫描，为爱而冥想（"心脏冥想"）、转换角度，等等。通过脑部扫描、血液检查和自我评估表明价值持续不断提高，这证明通过训练大脑，健康和幸福指数发生了变化。

有趣的是，所有的试验者不依赖于训练的技术就能感觉压力减轻了，并且能让身体意识得到改善。在社会生活中，我们害怕因为不能满足他人的要求而被批评，根据血液检查，实际上只有一种技术有利于减轻压力。

在注意力练习中，如呼吸技巧或者身体扫描无法帮助降低血液中测量出的压力标记皮质醇，证明了"沉思二元组"的巨大影响。那些在讲座中与合作伙伴讨论非常私人的问题、交换意见、互相倾听的参与者，他们的皮质醇水平降低了50%。

你想通过冥想实现什么目标？此时此刻什么能使你有意识地在日常生活中进行思考呢？你想要更镇定、更放

谢谢，但今天不行

松、更专注，还是要减少舞台的恐惧感和社会压力？让我
们探寻属于自己实现目标的方式吧!

32. 呼吸训练

由于我们的呼吸完全是本能行为，呼吸训练一点也不难做吧？但实际情况是，这种说法是错误的。

我们所提供给身体和大脑用来镇定与放松的氧气量通常是不足的，这是因为我们处于下沉中。大多数情况下，我们在压力下呼吸太浅，这可能导致我们缺乏新鲜的空气。

我们可以每天让自己有意识地进行深呼吸，在睡醒后伸个懒腰、打个哈欠。在睡觉前，都要深呼吸并专注地进行呼气、吸气。如果你的计算机出故障了，那么你可以停下工作而在这宝贵的空闲时间里享受轻松呼吸的快乐。

谢谢，但今天不行

　　你可以改用鼻子呼吸的方式迅速保持镇静，因为这种呼吸方式可以平衡大脑，使内心安宁、平静。我经常在日常生活中使用这种呼吸方式，尤其喜欢午休后与研讨班的参与者一起用这种呼吸方式。

用鼻子呼吸的原理

　　坐下来，自觉挺直脊柱，感受自己的呼吸。将食指的指尖放在自己的眉毛之间，用大拇指和中指或无名指的其中一个触摸鼻翼。试着深呼吸并慢慢地吐气，用手指轻轻地将鼻翼压向鼻腔壁，按住右侧鼻，从左侧鼻孔慢慢吸气。吸气结束后，松开手指，用另一根手指轻轻挤压左侧鼻孔，从右侧鼻孔呼气，如此循环往复。

　　专注并缓慢地重复做十次左右，确保你放松地坐着并且手部位置也很舒适。通过两个鼻孔的呼吸练习，感受自己的呼吸。

如果一段时间后你适应了此项练习，你就可以只需在头脑中进行练习，然后尝试在火车、办公室、剧院等任何地方进行练习。

如果你不能入睡，则可以使用"4-7-8呼吸法"。该方法是由美国医生安德鲁·威尔提出的，它可以让人们在几分钟内进入梦境。此种方法基于一个古老的瑜伽呼吸练习法，能对人们的神经系统起到有效的镇静作用，用以缓解紧张。

4-7-8呼吸法的原理

平躺在床上，缓慢吐气。然后，鼻子均匀而平稳地吸气，心中默数到4，屏住呼吸，再平静地数到7，慢慢吐气。呼气的持续时间应该是吸气的两倍。不要执着于数字，它只是一个让你呼吸平稳的工具。如何使用这个方法？只要你想或直到你睡着，让氧气满足你身体的需求，从而让自己保持平静。

33.越多分享，越多收获

夏威夷人的哲学思想中包含一个根深蒂固的观点，那就是每一个拥有东西的人都要与他人分享。我和我的家人一起在莫洛凯岛的公路旁住了几个月，这里每隔几千米就有放着水果和蔬菜的木桌，木桌旁边立着一块木牌，上面写着："请您自便！"我迅速了解到，共享不仅限于物质产品，还可以包括知识技能和丰富的经验等。

夏威夷人称之为分享，更重要的是，如果要分享就要付诸行动，因为他们喜欢这样做，并且不期望任何形式的回报。每个人会因为一句"感谢"而感到高兴，但仅此而已，因为捐赠者也能在分享中受益。捐赠者自身感觉很棒，这样做会让身体释放如"荷尔蒙"般的多巴胺，在一定程度上使我们感到兴奋与愉悦，我们因此而感到满足。

在夏威夷，我清楚地意识到，无意识的分享和给予对我来说很重要。回想起来，我认为慷慨分享是每天取得成功的基础。

"人们总是计算太多，思考太多。"美国投资者查理·芒格曾说。谢天谢地，我不是那些人中的一员。我考虑过很多不能做的事情，例如，我的时事通信在2004年只有四个研讨会参与者。从商业的角度来说，这是一个不明智的决定。一封写满建议的信，意味着要花费几个小时才能完成。然而，我的初衷仅仅是在人生道路上对其他人"投入"很多，但让他们的生活变得更轻松是我没有想到的。我喜欢分享快乐，让自己掌握新技术，然后在博客、播客中传播这份快乐。多年来，我一直在分享快乐的秘诀，同时我也很喜欢赚钱。很有趣的是，这两者并不冲突。与之相反，我认为自己越慷慨无私，生命就越丰富精彩，就会有更多好的选择、令人兴奋的项目、很多的图书订单和销量。

你可以分享什么呢？该怎样表现出自己的慷慨？每天可以多问几次"我能给世界带来什么"，而不是"我能从世界中获取什么"，那么你就会在分享中受益良多。分享得越多，我们就会越快乐、越满足。有科学研究表明，每年的世界捐赠指数证明了一个国家居民分享的实力和福利状态。

令我感到非常欣慰的是，人们分享的东西越来越多。重要的不再是"拥有的意愿"，而是赠予与快乐。我们今天可以在各大网站平台上分享、交换，如公寓、钻床、车库、汽车、手提包等物品。

如果你没有公寓、钻床和汽车，那么就大大方方地带着微笑或真诚的感激之情接受分享。来自美国的"随机善举"运动让我们（再次）意识到，我们如何用优美的姿态让世界变得更生动。因为你不用等待，也不用告诉别人，就在咖啡馆帮旁边桌上的客人付了钱；因为你在清扫你邻居的雪；因为你给邮差一杯咖啡……这种慷慨行为甚至不是今天才有的现象。100年前意大利人在那不勒斯的贫民区建立了"待用咖啡馆"。在那里，客人不仅买了自己的咖啡，还会买第二杯，这样工人就可以免费获得一杯。

今天，你愿意为别人分享一次吗？

34. 找到适合自己的方案

　　我喜欢研究那些在这个世界上有所成就的人的成功秘诀，他们有许多建议启发了我，唤醒了我内心的渴望，并让我想要尽最大努力去实现。不过也有些建议使我感到沮丧，例如以下十条成功人士在早餐前的习惯。

　　1. 早起。90% 的成功人士都是在工作日 6 点前起床，一些人甚至在早上 4 点钟起床。

　　2. 早起空腹喝水。

　　3. 整理铺床。

4. 做运动（个人训练、交叉训练、打网球等）。

5. 静坐冥想。

6. 阅读。不是电子邮件或者网站帖子，而是给大脑提供营养的纸质书籍。

7. 记录下日常生活中所感激的事情。

8. 做好每一天的计划。

9. 献身于自己的梦想并为此做某些具体的努力。

10. 和家人度过美好时光。

我不知道你在清晨的情况是怎样的，反正我是感到有些沮丧。当闹钟在早上6点响起时，我还没有睡够，一直在打哈欠。早上4点钟起床的建议，我至少需要2个小时来完成，这对我来说实在是太困难了。但是我会尝试所有的方法，包括成功人士的十条晨起习惯。

简而言之，四天后我因为睡眠严重不足，以至于在办公室吃完午饭沉思时竟在坚硬的地板上睡着了。在喝了五杯意式浓缩咖啡后骑自行车去办公室，然后步行回家，之后我还是写不出一行字。到第二天，我甚至没有听到闹钟的响声。

你可能会说我"不自律！鸡蛋里挑骨头"。是的，你说得对！我认为自己是个失败者，连一个成功人士简单的早起习惯都做不到。

他们真正想要的是，在每天开始忙碌之前，在自己和所爱的人身上花点时间。这是我们所喜欢的一天的开始。

在阅读此类列表时，你的感觉如何？需要鼓励自己改变行为让自己变得更好吗？还是这些建议让你深感内疚。因为你不自律吗？不要回答说："谢谢，但今天还是算了吧！"而是应该挑出你真正感兴趣且适合你的日常建议去进行尝试。

35.不要说“但是”

　　到底是谁先提出了“但是”这个说法呢？这里其实说的不是这个词，而是这个词背后的心态。“但是”会带来巨大的破坏力，它能破坏任何变化、行动和创造力。它是一个梦想的毁灭者、一个机会的破坏者、一个破坏可能性的杀手。

　　你对一个想法感到很兴奋，有机会振作起来。但出于某些顾虑，你变得胆小谨慎，然后“是的，但是”的想法便葬送了你的这个想法。

　　如果不是其他的“但是”，你是否就可以做回自己，减少工作，进而享受生活？你想要怎样的生活？你需要参加冲浪课程吗？是不是还要担心这可能会让你受伤？

有时候我们心里都有"但是"的恐惧，我们需要认真面对并去解决这些恐惧。你可以尝试把你对"是的，但是"的恐惧抛诸脑后，转而用"是的，没错"的思想替代。

原来在思索时，你可能会用"是的，但是"回应每句话，而之后你应该以"是的，没错"来开头。一个"是的，但是"的说法会破坏勇闯精神和解决问题的勇气；而"是的，没错"的说法则能极大地提高解决问题的可能性。

你要习惯用"是的，没错"的说法一一替换"是的，但是"的说法。这使我们在缺乏解决问题的思路时转换思维，从而可以突然看到它的好的方面和可行之处。

豁然开朗了是吗？对，就是这样！

36.不要在篱笆上钉钉子

我喜欢感性的人，因为他们会直接表达出自己的感受，开诚布公说出自己的烦恼。但有时他们可能会在开始"攻击"别人前深呼吸。

小提姆很快就生气了。有一天他的父亲给了他一把锤子、一个装满钉子的袋子和一项任务，并告诉他每当他生气时，他可以在花园里的篱笆上钉钉子，而不是冲其他人发火。

第一天，提姆使劲往篱笆上钉了13颗钉子。

第二天，提姆钉了 9 颗钉子。到了第三天，提姆又在篱笆上钉了 3 颗钉子。因为他意识到，当他生气的时候，他不得不跑到房子后面用力钉钉子，但这样非常累。

当提姆有一天没有在篱笆上钉钉子时，他的父亲告诉他每天如果不生气的话，可以拔出一颗钉子。几周后所有的钉子都被拔出来了。父亲拉着提姆的手一起去了篱笆那儿。

他说："干得好啊儿子，我为你感到骄傲。你看这些篱笆上的钉子洞，它们永远不可能恢复成原来的样子了。你想一想，如果你下次对一个人发火，你的话可能会在对方心里留下伤痕，就像这个篱笆上的钉子洞。即使你想要道歉，带给别人的伤痕也会一直存在。"

你在生活的篱笆上钉上了什么钉子？你今天想向谁寻

求宽恕呢？也许你将来会对此进行评判，如果想要对曾经生气或受伤时对他人造成的"伤口"负责，那么，现在请你放下手中的锤子和钉子吧。

37.停止负能量

喜剧演员海因茨·埃尔哈特曾说过："你不必相信自己所有的想法，但要一再告诉自己的潜意识，因为当你自言自语时，它一直在听。"你能想象自己的潜意识是怎样的吗？它是否会认为你是一个积极乐观、有较强自我意识并能掌握自己人生的人？还是会将你看作一个犹豫不决、踌躇满志而根本不敢做任何事情的人？

我们总是谩骂自己不认可的人。我想，如果你将世界上所有的内心独白都"大声"说出来，那么鸟儿将会沉默，泉水将会干涸，太阳将会西沉，这将是多么沉重的事情啊！

言语对我们有着巨大的影响，它会影响我们的感受、行为，甚至是我们的轻松和宁静。它们会在潜移默化中触动并影响我们，至于是什么样的影响，则取决于我们对言语的理解与认知。

具有科学可测量性且带有负面能量的言语会阻碍我们产生所需的进行良好压力管理的物质，从而使我们的身体产生更多的压力，而我们的逻辑思维是有限的。神经科学家纽伯格和沃尔德曼曾写道："愤怒的话会通过大脑发出警报信号，扰乱脑前额叶的逻辑和理性中心。"这句话非常有意义，因此，碰到"剑齿虎"出现的时候，我们必须赶紧跑，而不是思考！

耶拿大学的大脑研究人员使用成像技术来证明诸如"这是现在最令人毛骨悚然的"之类的信息，若在注射前激活大脑的疼痛中心，患者在被针头刺入皮肤之前就会处于疼痛之中！

另 ·方面，具有积极含义的言语会增强额叶区域并改善我们的逻辑思维。而且它会变得更好，因为言语永久性地改变了顶叶，从而改变我们对他人和自己的看法。

如果我们对自己说积极的话，也会看到其他人对我们示好。如果对自己说消极的话，我们会看到其他人往往也很挑剔。随着时间的流逝，我们改变了自己用词的同时也改变了丘脑的结构，这也是我们对现实的感知。你是否一直在抱怨自己，然后发现自己处于一个糟糕且没有机会的世界中？《长袜子皮皮》中有一句话："我按自己的喜好创造世界！"这具有完全不同的含义。

这是否意味着从现在开始，你就应该只以最优美的颂词来赞美自己？不是的，只不过目前停止用负面词汇轰炸自己就足够了。所以，我们一旦意识到要埋怨自己，就停下来，深吸一口气，等待冲动消失。

如果在开始时效果不明显，请不要埋怨自己，你可以尝试找一个中性的措辞。（例如"啊哈，下次我会做得更好！"）你越仔细地执行此项操作，你就会越快放慢速度。

　　然后你就会和内心的"批评家"成为朋友。重要的是，我们每个人都不是天生就有内在的"批评家"。当我们还是幼儿时，内心充满了自信，但这种自信会逐渐被周围的环境"磨灭"，其中包括父母的批评，也包括同学或老师的言论。你一生都在吸收这些东西，并塑造了内在批评的声音。

　　你可以给这个"批评家"起个名字，你会觉得它有趣并富有同情心。你也会不由自主地变得严格起来，这都是因为它是由你吸收的东西形成的。

　　你可以称其为巴巴帕帕或霍斯特。你的内心在独白的时候如果否定自己，请与它对话："嘿，霍斯特，你又来了！你最近好吗？其实你的意思是，我只是有一个非常错误的解决方案？没错！ 感谢你的提醒，下一次我将用更好的方式来解决。"

　　但你也可以尝试一下，用中性的措辞代替否定的措

谢谢，但今天不行

辞，并在你说话时加入越来越积极的话语、认可和赞美。

看看你所取得的成就并口头进行肯定！

从改变你的言语开始改变你的生活吧。

38.延迟满足

2010年，激励演说家约阿希姆·德波萨达在科隆的一次大会上发表了题为"别着急吃棉花糖"的演讲。他介绍了心理学家沃尔特·米歇尔的一项实验，即20世纪70年代的"棉花糖测试"。在视频中，我们看到测试者送给4~6岁的孩子每人一颗棉花糖，并告诉他们有两个选择，即立即吃掉这一颗棉花糖，或者等之后可以吃两颗棉花糖。

该研究的结论是延迟奖励的孩子在成年生活中会更成功，收入会更多，生活得会更好，也会更容易感到快乐。

我认为这个结论太局限了。对我来说，孩子们"马上就餐或等待"的决定与诸如"我真的喜欢棉花糖吗"或"我饿了"之类话语有异曲同工之处。

对此，我的看法是，人生的成功与是否在等待第二颗棉花糖无关。

一直以来，我对此深信不疑，直到我有次乘坐出租车去参加研讨会。当时一位非常友好的司机在路边接我，路上我们进行了一番交谈，他说他非常成功，做过很多销售并获得了很多收益，对自己的工作感到非常满意。这与我通常听到的出租车司机的抱怨完全相反。我开始好奇起来，问他："你是怎么做到的？""我大部分时间都是在固定的时间载乘客，所以我的工作量很大，没有等待时间，只有友好的乘客。"他现在载了我，因为他今天没有更多的预约，因此无论我去哪里，他都有空。

我对他说："祝你的业务模式取得成功，但我不明白你的同事为什么不这样做，其实任何人都可以做到。"他说：

"不是的，并不是每个人都能做到。因为大多数有约的同事都希望快速赚钱，因此自发地接收客人，但这样就会错过约定。他们无法像我这样做是因为快速销售对他们而言比长期成功更重要。"

这让我想起了棉花糖测试，米歇尔和波萨达是有道理的吗？但是我还没有完全确认。回到慕尼黑之后，我晚上从机场乘出租车回家，司机开车后立即匆忙地打电话。从他的回应中我可以察觉出他好像出了问题。在谈话间隙，我问了他原因。他刚开始说没问题，之后说："我本来应该在23点50分去机场接一个预约乘客，但现在你已经上车了，你上车的时间是23点35分。不幸的是，我的姐夫和儿子都接不到了。""那现在呢？"我问道。"他现在应该意识到我不来了，准备再打一辆出租车。"

那时，我才意识到棉花糖测试的结论是正确的。如果我晚上预约出租车，司机没有直接过来，我就再也不会打电话给这个司机了。要是你，你会怎么做呢？也会选择设法将快速奖励推迟而收获更大的奖励吗？是的，我现在可以确定，从长远来看这将会更加成功，更加幸福，当然财务状况也会更好。心理学家称之为"延迟满足"或"延迟奖励"。

你在哪里错过了一个快速的成功，而得到一个更丰厚的回报呢？你在哪里耐心地等待你的种子成长，而不是从地上摘掉了成功的第一株萌芽？你等待后吃到的棉花糖是不是比马上吃到的更好呢？

39.再见，蟹笼效应！

你知道"蟹笼效应"吗？ 据说篮子里的螃蟹会拉回其他想爬出来的螃蟹， 但海洋动物专家还没有证实这一点，这只是一个比喻。

"蟹笼效应"向我们描述了一种现象，即不管是谁想离开他熟悉的环境， "篮子"里的同伴都会变得活跃，他们会有意识或无意识地不想让对方离开。这可能是出于嫉妒（ "你不应该比我更好" ），或是出于害怕失去另一个人，或是不想改变的习惯和意愿。

想要晋升的职场男女都会经历"蟹笼效应"，因为他们亲爱的同事会突然挽留他们，或者对这些升职的人评价很差，或者对其进行感情勒索。

如果你想为了让自己变得更好而做出某些改变，你的朋友、亲戚或邻居就会出来阻碍你，让你内心不安或者产生质疑。

而我们经常也会产生"蟹笼效应"，因为离开"篮子"时会感觉自己是"背叛者"。我们听到（或看到）的一句话或一幅我们无论出于何种原因都要牢牢记住的画面就够了。萨宾在用了不吃米面的方法减轻体重后，在2018年1月的Facebook中写道："多年来，我一直告诉自己，如果我要减肥，我可能会背叛所有的胖女人。"

你现在在哪个"蟹笼"里？是不是不想再待在里面了？你的同伴如何使你感到沮丧并阻止你向外攀爬？又是谁限制了你，让你认为自己必须待在"篮子"里？

只有拥有这种意识才可能离开。"我清楚地认识到，自己一直主张女士（或男士）应该学会自我欣赏，应该有他们喜欢自己的方式，这是克服轻视和焦虑的一个办法。"萨宾在她的Facebook中描述道。

同时，我能够离开原来的一些"笼子"。因为随着年龄的增长，我不再过于在意其他人对我的看法，逐渐清晰认识到自己应该做什么，这是一件非常令人欣慰的事情。我称它为"老年镇静"，从我40岁生日那天起逐渐开始。

你想离开哪个"笼子"？又有什么可以支持你离开不适合自己的"笼子"呢？

40.适时远离社交媒体

你是个无名小卒，平凡之辈，当你漫无目的地环顾四周时会发现正在举行一场盛大的聚会，大家都很受欢迎，分享着欢乐，而你呢？只能寂寞地坐在沙发上，看着同事将明天举行个人精彩演讲的房间号张贴出来。在真正重要的人面前，没有人在意你的存在。看着这里有一位老校友刚刚从她的爱人那里收到了一大束鲜花，你也许会感到落寞。

你在使用Facebook、照片墙或阅后即焚类的社交网站时，看着别人的生活那么美好，比如，他们有着强健的身体、优秀的合作伙伴、乖巧的孩子和美好的假期，你是否会感到沮丧？

停止在社交媒体上关注这些人，因为这会容易让你对现实产生不满。好消息是不只你会有这样的想法，因为你的生活根本不像你看照片时那样平淡无奇，没有创造性或没有爱。恰恰相反，你的生活是正常的，只有他人的美好时光堆积起来才会使你感觉自己像个失败者。

年轻人在社交媒体上花费大量的时间是很糟糕的。在一项长期的研究中，谢菲尔德大学的经济研究员发现，年轻人使用Facebook、阅后即焚和照片墙等社交软件越多，他们对自己的外貌、家庭和学校的满意度就越低。

加利福尼亚大学的研究人员证实，对于Facebook的成人用户，互动（点赞、点击链接和状态更新）每增加1%就会导致其幸福感下降高达8%。如果研究参与者能在现实中与朋友见面，那么他们的幸福感就会随之增加。

你需要维持在线和离线之间的平衡。当你遇到很棒的事情时，只与你信赖的并为之祝贺的人保持联系即可。因为你不是天生就有嫉妒心的，或者别人的生活也不错。我们从发布的人生亮点或生活困难（如患染疾病、宠物离世等）中能得到对现实的看法。如果我发帖说自己在做家务，指甲劈了，或我的猫有口臭，那么是不是就没有那么吸引人了？

你是否对某些帖子的内容感到羡慕？它对你来说意味着什么？将其用作最有价值的动力，并在你的生活中制订计划，之后以此开始进行大量练习，你可以大声并清晰地对自己说："我为你可以经历如此美好的时刻而感到自豪，我全心全意地祝福你。"

从此，你的生活便能如此美好，因为这就是你的生活。

41.定期清理，精简生活

估算一下你已经拥有了多少物品，包括盘子、咖啡杯、废弃的手机、床单、被罩、圆珠笔、裤子、移动硬盘、自行车、滑雪板、沐浴露瓶……

2016年，德国电视台曾统计表明，德国普通家庭平均拥有约8000件物品。

当然，所有权是一种优势，因为它会给人们带来安全感，增强了人们的自尊心。小物品可以给人们带来美好的回忆，因此，收集物品也是非常有趣的。

如果你喜欢并欣赏所有事物，请尽情享受每一天！

由于你要整理太多的物品，经常会与爱人吵架，如果你因为举行派对的地下室变成了垃圾间而不能庆祝生日，或者你需要浪费大量时间寻找某物，那么之后，你要让自己从物品的负担中解放出来。你需要清理、丢弃或捐赠，把所有的东西都归置好。

我发现了精简的好处，由于物品较少，可以节省出更多的时间和空间，当然，外出行李也一样，当我们带着较少的必备行李出门时，会感到很轻便。例如，我们一家四口曾带着两个手提箱在夏威夷旅行了四个月。带着轻便的行李旅行使我们不仅在途中感到很轻松，而且回到家后也便于整理。

清理物品也可以成为实现我们梦想的基础。长期以来想要改变生活的人们都是从清理自己的物品开始的，因为清理物品似乎能为新活动提供空间和能量。

我们可以将事物视为向导，在一段时间后跟他们说再见，从而迎接新的开始。现在想想，你可以清理什么物品吗？

42.不要把普遍当作理所当然

"小小的事物，短暂的时刻，但他们都不是微不足道的。"

——乔恩·卡巴金

重复的原则是，如果我们一遍又一遍地重复做同一件事，每个人都会做得更好。这一原则特别适用于体育活动、制作手工艺品、弹乐器、在花园里种植植物；这同样适用于智力活动，例如，吸收知识、学习语言或玩数独游戏等，甚至适用于抚养孩子或建立伴侣关系。在你反复的实践中，你会变得精通，并通过克服挑战来更好地成长。

基本上，在回顾自己的学习道路时，你会为自己感到骄傲。

不幸的是，我们倾向于接受我们为之努力的一切，并且在某些时候认为这是理所当然的，因此很多事情会变得一文不值，这是非常正常的。

很多人陷入了"理所当然"的误区中。他们认为自己能做到的事情，其他人也能做到。但是请你别这么认为！

不要认为普遍是理所当然的，这会使你眼界变窄，一定程度上影响你的判断，并可能阻碍你实现自己的梦想。

如果你想要幸福地生活，就需要良好的基础。这个基础与其他人是否拥有"良好"的基础或每个人是否都拥有这个基础无关。你自己只要一直掌握自己的良好基础，摆脱理所当然的想法，记下知识、技能和经验方面的要素即可。

你还要考虑到，从原则上来说，你所获得的支持并不那么理所应当。最近有一个30岁的年轻人告诉我，他已经完成了两门成绩最好的课程，但在这个地方教育可能一文不值，因为直到今天他还没找到与自己的水平相对应的工作。我问他："是什么让你如此确信，学习后你一定能找到一份合适的工作？是不是因为这个地方能免费让你修完两门课程？"

你要思考一下，当前什么样的成就是正常的？正确地看待你的生活和周围的环境。你周围有谁取得了成就？什么使你的生活感到愉快？

一位印度朋友阿蒂亚前段时间拜访了我，在他离开前，我问他在德国最喜欢什么。我期待听到对一起去过的新天鹅堡、慕尼黑的皇家啤酒屋或柏林的德国国会大厦的赞美。可阿蒂亚思考了一会儿说："我发现最好的是，我晚上可以开灯取水。"

水和电对我们来说非常普遍，但事实并非全都如此。

在物质和理想方面，我们很快就会发现自己陷入了"想当然"的状态中，而不再看到自己的状况如何。根据经济专家和诺贝尔奖获得者安格斯·迪顿的说法，"完美的年薪"是75000美元(约合67000欧元)。从这一点来说，我们生活在一个所谓的"幸福高原"上，在这个"高原"上，我们更加积极地看待自己的生活，并对高质量的生活感到欣慰。

你也会这样做吗？那么恭喜你！你绝对不会像其他人那样陷入"理所当然"的陷阱中，他们看不清自己的状况，认为自己所拥有的一切都是理所当然的，而只会抱怨自己没有的东西。

目前，你拥有的一切和经历都不是理所应当的。因此，我们应当心存感激，感恩我们全天候可以享用电力和水，感恩我们可以受到良好的教育，感恩我们生活在和平地区，感恩我们拥有的良好医疗、护理水平。

感恩之情可以帮助我们不将"普遍"视为"理所当然"。它有助于我们变得更加满足和活跃。我们可以通过写日记、读报纸、写感谢信等方式，以思考开启或结束每一天。

总之，我们应脱离"理所当然"的陷阱，每天都抱有感恩之情。今天你说"谢谢"了吗？

43.将不足转变为优势

大多数人不喜欢自己的缺点，他们会对自己的不足之处感到恼火。

我通常也不关注缺点，而是关注哪里存在问题。今天，我想鼓励你看看这种不足之处，因为缺点是成长和创造全新可能的契机。

我最喜欢的一个例子就是阿尔布莱特兄弟的成功故事。两兄弟接管了其母的商店，并希望扩大规模。但美中不足的是，他们没有足够的资金来开设新的分店，作为商人的儿子，他们需要考虑如何用最少的资金扩展门店。于是，他们想出了一个主意，仅提供各类日常必需品以及商店所需的简单设备。良好的质量以及低廉的价格，使他们在竞争中占据上风。今天，阿尔迪集团创造了数十亿的销售额和巨大的利润，是资金的短缺促使了他们的成功。

再以奶油喷雾剂为例，20世纪40年代，奶油在美国变得稀缺时，服装销售商阿伦·拉宾研究了由奶精和脂肪混合制成的喷雾。不久之后，他将充满气体的混合物填充到一个新的喷雾罐中，形成了奶油喷雾剂。70年后，这种奶油替代品在全球范围内广受欢迎。

由以上事例我们可以看到，大多数伟大的发明只是由缺乏某种物品而产生的。人们开始思考如何解决该问题，而不是忽略或冥想，因为后者不会带给我们任何改变。

我们的生活总会遇到瓶颈、困难和障碍。你可以尝试根据这些问题问自己：有哪些方案可以解决这些问题呢？例如，如果你缺少一个项目的资金，是选择通过用奖学金、资助计划、众筹的方式解决，还是选择通过投资者来解决？如果你选择后者，那么谁会来买单呢？

对于一些人来说，产生问题有时甚至是优势。例如，如果你想担任钢琴老师，但没有空间，那就想想谁会付钱可以让你去客户家里教钢琴。

什么样的不足其实已经不再重要。例如，如果你想当家教辅导孩子，但你所在这个地区的孩子太少怎么办？你可以提供在线辅导，这样，在任何地方的孩子们就都能得到你的辅导。

我们忽视不足并不能解决问题，因为不足会一直存在。但是如果你很积极地处理问题，你就可以开拓新的可能性。

为此，重要的是你要活得充实而不是有一种先天不足的感觉。你将目光聚焦在日常成功上，生活就将掌握在你的手中。你应每天去体验这个世界带给你的充实，积极乐观的思考会是你成功弥补不足的宝贵基础。

今天，你想把什么不足变为优势呢？

44.再见，戏剧女王

你经历了一次糟糕的演讲，丢失了线索，忘记了数据，错过了"激励式"的结论。

收银台前的那个顾客动作太慢了，他花了两分钟才把零钱从包里拿出来，这确实令人难以接受。

昨天给你朋友的食物味道的确不好，土豆都煮烂了，酱汁也结成了块，汤是酸的……

你真的想整天抱怨吗？

有些人天生就是"戏剧女王"，在人格模型中，我们将其称为"类型4"。他们享受过山车般跌宕起伏的感情，和他们在一起感觉很好、很快乐，但也很累。

根据对照人格模型的类型，我也存在着一部分戏剧特征，因此，我欣然地接受自己的缺点及烦恼。直到我阅读了有关"沉没成本"的文章，才突然意识到，我考虑的次数越多且时间越长，它们在我的生活中占据的空间越多，我给它们的生命就越有价值，甚至在那之后，我给了这些事件一个它们根本不值得存在的理由。

就财政支出而言，"沉没成本"是一个"噩梦"。它描述了我们已经浪费了太多金钱在毫无意义的支出上的现象。柏林大型机场就是一个很好的例子。与其说"我们现在真的搞砸了，并且正在把一切都推倒，然后从头开始"，不如说是"持续降低成本"。借助东拼西凑，公司将数百万美元投入一个新的非工作信息工程的基础架构中，而不是完全重新设计所有东西。你购买了昂贵的皮划艇，但现在却处于落后地位，尽管你在第一次旅行中就已经注意到这并不适合你。但是现在昂贵的设备摆在面前，你必须继续前进。尽管我们在生活中会遇到不愉快的事情，但也必须前行，这一点适用于我们所有人。

当然，当我们对糟糕的事情感到失望时，就要开始清理了。但你真的要将宝贵的时间浪费在不重要的事情上吗？你是否投入了过多的时间和精力？你要想一想，这将对明天产生什么影响？

你要摆脱虽然烦人但每天都会发生的事情，不要让它们浪费你的时间。过去了就结束了，没必要一直纠结。

45.别太无私

我的许多客户都很热心，他们乐于助人、富有同情心、乐善好施。他们会放下自己的需求而满足他人，并很高兴看到他人的状况得以改善。

我认为互相扶持、互相帮助是更好生活的基本特征，是我们社会发展的重要基石，但可以请你不要那么无私吗？

也就是说，如果你是那种不断将别人的需求置于自己需求之上，总想确保其他人的需求得到满足的人，那么结果可能是其他人都能准时回家，只有你又要辛苦加班了。我与很多人一起工作，他们全都筋疲力尽，因为他们太

"好善乐施"了，以至于无法停歇。他们一直在等别人提出让自己休息，可结果并没有等到。

如果你感到满足，你可以把它作为健康的自我爱护和自我护理的途径。但从长远来看，如果你不断超负荷工作，并不会从中受益。

请你思考一个问题："你的存在对他人有什么意义？"从"丰富他人的生活"的意义上来讲，我觉得这个问题很好。但如果这使我们相信，只有成为特蕾莎修女才拥有生存权，那么这就是一个完全错误的方向，一直对别人无私奉献的人最终只会伤害到自己。

同样，这样做最终也会伤害到其他人。帮别人分担所有的工作，就会让他们变得不再独立。例如，如果父母主动承担孩子的一切，就陷入了纵容的陷阱，导致孩子很快将不能再独自做任何事情。又如，不断向同事伸出援助之手的人阻碍了同事的发展，有时使其他人感到沮丧。我们使自己不可或缺，感到被需要，但实际上这样的效果不会长久。我们创造了一种别人对自己的依赖方式，而我们要让其他人成长，就必须让他们对自己的生活负责。

如果要以牺牲自身健康或人身自由为代价，就不要再"那么无私"了。一开始要做到这一点并不容易，因为从本质上来说，我们是那种不善于拒绝别人的人。这是一种确保我们在社会中的地位的深层条件反射，但你可以控制这种反射。

我不赞成的主要是苏西·韦尔奇的"10-10-10"技巧，即问问自己，在10分钟、10个月和10年内，是或否的后果分别是什么。我更倾向于更好地根据内心做出选择。

46.合理管理自己的资金收入

你知道什么是"气体效应"吗？气体会充满它所获得的空间。相同数量的气体既可以填满大空间，也能填满小空间。

在时间管理中，我解释了与缓冲有关的气体效应，那就是让你的时光流动起来，这样可以减轻压力。

从本质上来讲，这是一个很好的技巧，但不幸的是，工作任务会尽可能扩展。工作就像气体一样被限制在我们给它的时间里。

因此，有时候需要问自己想花多少时间来完成任务，以减少缓冲时间并限制任务时间。不是需要多长时间，而是值得花费多长时间。

你也可以将气体原则应用于你的财务状况中。许多人抱怨自己没有财务自由，原因是他们的支出随着可支配收入的增加而增加。根据统计年鉴，2015年德国家庭平均每月收入为3276欧元。他们平均在私人消费、自费保险（车辆）和贷款利息上花费了2947欧元。而现在必须每月净赚近3000欧元才能维持自己的生活水平。

我为什么要列这张账单？我知道许多人勇于尝试新事物，或者想更轻松地过日子。但是他们陷入了财务困境，以至于无法采取任何措施。他们过着计划每一分收入的生活：还贷款、满足汽车花费……可以说这样的生活没有自由。

我说的不是"棋盘游戏"。在游戏中，我们从不喜欢的工作中赚钱，购买我们不需要的东西，打动我们甚至不喜欢的人。许多人为了内心的快乐花光了所有的钱，虽然活在当下，却也阻碍了未来的发展。

财务自由并不意味着我们必须赚很多钱，而是意味着我们要想清楚购买哪些真正能给我们带来幸福的东西，并将剩余的钱视为对梦想的投资。如果我们支出的钱少于拥有的钱，就可以实现一定程度的财务自由。

你不要将收入局限在一个来源，而是应创建多个收入来源来增加财务自由度。这些来源可以是股息、租金收入、兼职工作等。我上学的时候会去看护婴儿、辅导学生功课，星期天会在旅馆里做早餐。多种收入来源还可以增加你内心的自由度，即使少了其中一个来源，你仍然有其他来源。这会使你平静下来，并有勇气更快地离开恼人的管理者。

停止"气体效应"，不要花掉手头所有的钱，考虑一下可以放弃哪项花费，如何才能解决财务约束？你现在是否在想如何终止一些财务义务？你还想创造什么其他的收入来源？

许多人无法自主回答以上三个问题，因为他们根本不知道自己花了什么钱。他们采用"按账户余额管理"的办法，只要账户中有钱，就会花掉。你现在需要做的就是鼓起勇气设法了解资金的去向。你不应该保留一个永久性的家庭预算，而是可以每个月写一次家庭预算，这个认知是很有价值的。

此外，还应遵循"眼不见心不烦"的座右铭，限制可支配收入，并缩小可支配花销的范围，以便减少支出。

小时候，我在玩大富翁游戏时会把部分钱藏在大腿下面，有几千马克，但非常可惜，这对于建造新房子或新酒店来说还不够，而一旦转到"宾果"，我就可以买下属于自己的城堡和林荫大道。

不要问我是怎么想到这个主意的，它的确很棒。十几岁时，我把这个原理付诸实践，每月在定期存款账户中至少存入50马克。钱"没有了"，我也就不会再花钱了。我的一个朋友嘲笑我吝啬，但是在我29岁时，我就可以用这些存下的钱支付公寓费用的一部分。

谢谢，但今天不行

你还可以开设另一个账户，在收到你的薪水后永久性地立即减少它的总额，这样你就能明显减少可用资金。

47.不要自欺欺人

伦理学教授会比其他人有更高的道德修养吗？情感咨询师是否都拥有美满幸福的婚姻？

答案是不确定的，因为，如果人们没有经历过自己所宣扬的生活方式，他们的可信度能有多高呢？"指路人不必走这条路。"幸福专家和医生在我的一次采访中说。但你是如何看待一位倡导素食主义的顶级厨师，他公开反对用肉，却在汉堡店里进食被人抓个现行的行为？你尊重那个要求他人准时但自己却总是迟到的老师吗？

当然，每个人都可以从自己的生活方式中感到快乐，只要他们乐在其中。简而言之，"按你所说的去做"（践行自己的诺言）就是我们对他人的尊重。因为我们知道自己在做什么，对于我们来说，他们显然是可评估的、可靠的并且值得信任的。

另一个优势是我们可以更直接、更持续地向那些说到做到的榜样学习。特别是如果你有孩子，请按照你想教他们的方式行事。但是如果你不自主学习却持续劝诫他们应该勤奋学习，这种做法是没什么用的。如果你在虚张声势，他们也不会说实话。最好的学习方法是观察和模仿，孩子们有自己的判断，他们对成年人的行为会有评判。

按照你所说的去做。如果你当前的行为方式和实际不相符，请你按照你的想法去做。你倡导诚实吗？那就百分百做到诚实。你倡导高尚品德吗？那就百分百做到人品高尚。你倡导宽容吗？那就努力做到对他人宽容。

你的行为不是机会的问题，而是性格的问题。当然，你已经听过千百次"金钱影响性格"的说法。我同意马克斯·弗里希的观点："金钱不会影响一个人的性格，但会暴露它！"

蝎子在河边遇见一只青蛙。

"亲爱的青蛙，你能带我到彼岸吗？"蝎子问。

"我不厌倦生活。当我们在水上时，假如你蜇到了我，我就会死。"青蛙回答。

蝎子说："不，如果我蜇了你，我也会因此掉下去而死的。"

"我被你说服了。你趴在我的背上。"青蛙说，他们游了几米，青蛙就感到剧烈的疼痛。

"蝎子，你蜇了我，现在我们都要死了。"青蛙说。

"我知道。对不起，但我是蝎子，蝎子都会这么做的。"蝎子回答道。

人类不是无情的蝎子。我们可以改变自己和自己的行为。

那么，今天你要从哪里开始改变呢？

48.不做两难选择

"一次决定就是数十亿种可能性的终结。"德国"激励培训师"、歌舞艺人尼科·塞姆斯洛特如此说道。

他说得太对了！我们在充满无限可能性的海洋中游荡，没有把握住的每一次机会都随风而逝。难怪很多人没有直接做决定，因为错过一些东西会让人非常苦恼。你甚至不必经历害怕错过的困扰。我们拥有的选择越多，难度就越大，心理学家称之为"机会成本"。例如，我们在超市琳琅满目的果酱之间做选择，最终可能什么都没买。

可惜的是，不做决定也会花费时间和精力。我们处于不满足、思考、争吵和自我检讨的状态中，因此导致推迟了任务。我们处理无关紧要的事情，围着决定绕圈子，我们没能享受浪费掉的时间，而是让内心的愧疚破坏了所有的乐趣。

你是否有拖延症？是什么阻止你开始的呢？在大多数时候，无法开始都有一个充分的理由，那就是对成功、嫉妒和失败的恐惧。如果认清了自己眼前的障碍，问题通常可以得到解决。

你之所以推迟，是因为你不能决定从什么开始。那就从一件事开始！现在就可以有意识地做某事，这样总比无意识地做某事要好。请记住，没有做决定的人已经做了决定。

但你也要清楚，通常我们不必在A和B之间进行选择，而是可以兼有两者。是的，可能做两件事比做一件事要花更多的时间，但如果你专注于一件事然后不断挣扎，那就可以立即花时间进行第二件事了。

结合你的目标和计划，不要害怕陷入所谓的成功困境。我们经常听到，决定必须自己来做，必须做到专业化才是真正的成功。这可能适用于喜欢将精力集中在一个主题上的系统性分析人员，但可以通过创造诸如"系列英雄"或"伞形载体"之类的生活和工作模型，并以多种方式实现自己的目标。

冬季女运动员埃斯特·莱德卡提出"你不必决定"的说法而大获支持。2016年10月，一位采访者说这一天一定会到来，滑雪板选手和滑雪选手必须从这两项中选择一项，才能真正取得成功。莱德卡说："这一天永远不会到来。我现在和将来都会是一名滑雪板运动员或滑雪运动员。"

2018年2月，捷克人获得了超级G型轨道的奥运金牌和单板滑雪平行大回转比赛的金牌。我们可以取得巨大的成功，正是因为我们不做两难抉择，而是让自己充满激情和迎接挑战。

我们不要强迫自己做决定伤害自己，而是应从中获得个人的双倍奖励。

49.正确运用比较

比较是幸福的终结者，因为我们通常不自觉地把自己"向上"比较，例如和那些拥有更好资源和经历的人、更聪明的孩子、更有爱的伴侣、更漂亮的公寓、更有趣的工作相比较。经济学家理查德·伊斯特林表示："决定我们是否满足的不是我们收入的多少，而是与其他人的比较。"是的，一味比较会使人感到沮丧，使人不快乐。

因此，你不要再和别人做比较了。感受使你快乐的事物，并将其逐步融入生活中。同时，大方地对待他人的活动和事情，并且不要再说"我真心全意为××感到高兴"

这种话了。

走出拥有美好生活的"棋盘游戏",过自己真正想要的生活,而不是别人眼中应该拥有的生活!只有当你同时获得成功的时候,才能与他人进行比较。

这就是它的原理,如果我们觉得彼此相似,那么向上比较才真正让我们接近我们的"榜样"。美国的研究人员证明了这个联系,他们向测试者展示了一个非常漂亮的模特儿的形象,并要求他们评估其对自己的吸引力。一些参与者表现出了预期的对比效果,并认为自己不太好看。但根据调查人员的说法,有些人认为自己更具吸引力,即使事实并非如此。这是为什么呢?除了照片之外,那些认为自己更具吸引力的受访者还收到了与自己的外表完全无关的其他信息,即他们被告知自己的生日与模特儿的生日在同一天。

因此,任何共同点似乎足以使我们更加积极地判断自己。

出于这个原因，许多公司成功地使用标杆管理来改进自身。标杆管理是与其他公司的产品、服务、过程与方法进行比较，目的是使性能差距缩小到相应主题中的"同类最佳"。标杆管理非常有效，因为我们可以从一个主题的最佳方面，从我们有共同点的任何最佳方面中学习。

同样，一个公司的领导不会坐在沙发上抱怨："××公司再次得到了一个大订单是非常不公平的！"他们会停止抱怨，专注于学习成功者。

你会在哪里寻求内在的满足感而想要停止比较呢？你想在哪里见识到他人的成功，然后积极地迈出自己的下一步呢？

50.比爱他人更爱自己

"我希望你爱我的同时，爱你自己更多一些。"我在两次读了史蒂芬妮的名言后才真正明白这句话的含义和所包含的智慧。

她的话突然让我明白了为什么我对一些人感觉不好，为什么我想被别人接受和喜欢，结果却失败了。例如我的朋友伊西多，他和我的丈夫是朋友，在我35岁生日的聚会上，伊西多对我说，他浏览了我的网站，感觉实在太糟糕了。在另一个晚上他自发地来到我家，看着我的厨房说："我们家才不会这么乱！"他对我们一位共同的朋友说，他听到我的声音就想呕吐。不幸的是，那位朋友把这件事告诉了我。

我一直想知道伊西多为何不喜欢我，并且试图对伊西多更加友好，因为我真心希望他能喜欢我，但是并没有成功。直到有一天，我才意识到他的厌恶是由于他鼻子上的眼镜抑或因为他对自己的不满。不爱自己的人不会对别人留下好印象，不管他们做什么。

今天，我更喜欢和对自己感到满意，并且爱自己的人在一起。这些人是那些连细微之处都喜欢，对自己和生活感到满意，重视自己的人。爱自己的人的身上会散发出一种轻松和宁静，以及心灵的温暖，这也让我作为朋友会感受到美好。

爱自己的人更爱同伴。因为他们不会嫉妒他们的成功，也不会因拥有控制他人的能力而感觉良好。那些爱自己的人不需要向自己或他人证明任何东西，这就是与他们交往愉快的原因。

你想被别人喜欢吗？那就先从喜欢自己开始。不仅要停止对自己说负面的话，还要有意识地将目光和语言集中在积极的方面。

你可以称赞自己做得好的一切。你做了20个仰卧起坐吗？抚摸并赞美你的腹肌！你很容易在截止日期之前完成工作吗？庆祝一下吧！你已经三天不和你的伴侣吵架了吗？为你自己鼓掌吧！

你认为赞美是愚蠢的吗？无所谓，只要它有效就好。根据相关研究表明，我们总是着眼于做不到的事情，因此要扭转自己的看法，要有意识地寻找可以称赞自己的机会。因为赞美是爱的初级阶段。

你站在镜子前告诉自己你喜欢自己的哪个部分，是你的上臂还是你的睫毛？是你的小脚趾、你的笑容、你的自信还是你的声音？是什么让你如此可爱？

你可以买一张金色星星贴纸，然后将其粘贴到浴室镜或汽车的后视镜上。每当你看到它时，你告诉自己："我很有价值，我爱自己！"

我们每天、每时、每刻都要爱自己。要给予自己尊重、赞赏和关注。德国诗人爱德华·莫里克曾说："我们每天都需要期待。"那会是什么呢？你喜欢哪些日常的小活动或大型活动呢？一家人醒来后在阳台上安静地喝咖啡，还是在树林里散步？抑或在无聊的新闻中单击"退订"按钮？你表现出自爱，你周围的人都会感谢你的。

先让自己开心起来！其他的一切都将随之而来。

一位女士到大师那里，问他幸福生活的秘诀。

大师回答说："让一个人每天快乐！"

之后他补充道："即使这个人是你。"

过了一会儿又说："特别是当这个人就是你自己时。"

51.倾听内心的声音

在浴室刷牙时收音机的响声、吃早餐时看到的照片墙、街上的噪音、上班路上的播客、办公室里的采访录像、在食堂的闲聊、在回家的路上看新闻、家里的音乐、为晚餐的吵架、作为晚间阅读的Facebook⋯⋯

每天，噪声和信息向我们纷至沓来。我们的大脑要处理数十亿种感受，这种感觉太累了。

沉默中蕴藏着力量，也许是这样，但我们常常不能忍受沉默。每当周围一安静下来，我们就会分心。日常噪音掩盖了我们内心的渴望和感受，因此，在外倾听比面对内心的感受更容易。也许我们意识到应该改变生活中的一些事情，但我们宁愿继续这样下去，喧闹又有趣。

我有生以来第一次有意识地在印度阿育吠陀疗法中感受沉默，起初我必须努力学习，不用音乐或阅读来填补沉默。但是要给予自己沉默空间并忍受它。但这是值得的，因为我以一种清醒的内心回归到日常生活中，这给了我很大的力量和动力。从那时起，我就一直定期保持沉默，独自散步或与丈夫舒缓地沉默着穿过森林，参与小组中的沉默研讨会，或者只是躺在吊床上，思考一下自己的想法。

我从丈夫那里学到了一件事。假期早些时候，当我在翻阅书堆时，他坐着看什么东西。我问他："你在做什么？"

"什么都没有！"

"你可以什么也不做！"

"……我在看！"

"你在看什么？"

"没什么。"

你是否希望生活中有更多的勇气、轻松和宁静？ 然后对持续不断的噪音说："走开吧！"给自己创造一个宁静的环境，禁掉所有的外部杂音，然后认真倾听自己。安静能让我们更仔细地倾听，可以帮助我们弄清楚自己真正想要什么、不想要什么，是什么让自己开心或不开心。

瑞士心理学家卡尔·古斯塔夫·荣格曾说："如果从外面看，你在做梦；如果从里面看，你就醒了。"

另外请注意，你的性格是内向的还是外向的。内向的人比外向的人需要更长的沉默时间才能感受到快乐。你通常与人有很多联系吗？你在外面待的时间久吗？有意识地为自己和独处建立时间上的平衡，可能是每天几分钟或更长的时间。

你什么时候想倾听自己内心真正的声音？或正如阿斯特丽德·林格伦所说："每个人必须有时间坐在那里看着自己面前的一切。"

52.宽恕他人

你是否听说过宽恕是释放灵魂重压，过上轻松、宁静生活的最好方式？

很长一段时间我都认为这是无稽之谈。曾有人在身体上、言语上或行为上深深地伤害了我，并且我对自己也很苛刻。我没有自信地做项目，在受到打击后也没有勇气站出来为自己发声。我一次又一次地围绕着经历的不公或自己的错误进行反思。在不眠之夜想象自己大肆回击，然而情况并没有得到改善。

我在30岁时就怀孕了，然而不想将家庭重担分给新生儿，因为我的问题不应该成为孩子的问题。我联系了伤害过我的家庭成员。当我们进行交流时，压在我心中的整座大山好像从胸口移掉了。

现在，我们无法与每个我们想要撇清关系的人交流沟通。因为他们早已从我们的阴霾中消失了，或者有些人可能根本不知道他们伤害了我们。在这种情况下，宽恕他人就是放过自己。

为什么宽恕是有意义的？如果我们紧紧抓住所遭受的不公，心想"我永远不会原谅它"，然后我们认为自己可以惩罚他人，并为自己"报仇"，这是可以理解的行为，但最终我们只会用它来惩罚自己。不仅仅因为那个伤害过我们的人可能不知道他伤害了我们，而且他还继续过着幸福的生活。我们如果不放弃仇恨，内心就会谴责自己不能释怀。每一个记忆都在伤口上转动刀子，我们就会带着一个装满仇恨、恐惧和烦恼的沉重包袱度过一生。

你想背负那个沉重的包袱吗？一次又一次地谈论它并

得到别人的同情会让你感觉良好吗？沉溺于你所经历的不公之中是你的万能解药吗？答案如果是肯定的，那这篇内容不适合你阅读。

宽恕只有在你真的想要的时候才会有效。因为你想除掉"压舱物"，这么做都是为了自己。

重要的是，这里说的并不是我们事后准许这种伤害行为，因为它仍然是错误的、不公平的，正如你一直感觉到的那样。这也不是一个贬低我们自己感情的问题（"别这样，没那么糟！"），它是关于消除我们对降临在身上的仇恨的毒害。我们要主动地决定这种行为不再对我们的生活产生负面影响，因为我们希望自己这样做。

我们不能消除已经发生的不公正、侵犯和伤害。但既然事情已经发生了，就不要再让这些事情持续伤害你的现在和将来，甚至将你打败。

宽恕意味着放手，把我们从一些事情中解脱出来。宽恕是你内心强大的标志，是你积极生活方式的一种表现。因为有了宽恕，你就掌管了你人生的舵，不会再让别人控制你了。你熄灭了过去的怨愤之火，就会让你的内心和生活变得轻松。

宽恕不是一个"豪鲁克"行为，有即时生效的保证。所以给你内心的怨恨一点时间，一步一步地解放自己。你可以到空旷的大自然中去，大声说出你的愤怒和问题，然后说："我准备好放手了，因为我不想给你更多的权利。"选择一些你能用坚定的信念表达的话语，并连续几天重复使用它们。

选择宽恕的人可以结束他人或事件对自己生活的影响，从而恢复内心的平静。夏威夷人知道一种赦免仪式，意思是"通过宽恕解决问题"。在美国，这项仪式是一种公认的解决冲突的疗法，有时甚至会运用到外交层面。

与那些让你感觉不到支持的人和环境和睦相处。原谅你自己，不要后悔你当时的"错误"行为，因为你已经尽力了。

今天你打算放下什么？想要原谅谁？

有两个人在沙漠里漫步，他们在徒步旅行时打了架，一个人打在了另一个人的脸上。被打的人被冒犯了，他一言不发地蹲下，在沙漠上写下这句话："今天我最好的朋友打了我的脸。"

他们继续走着，很快来到了一片绿洲。他们决定在那里洗个澡。被打的朋友突然被困在泥沼里，眼看着就要被淹死，但他的朋友在最后一刻救了他。

差点被淹死的朋友恢复力气后，拿起一块石头，在石头上刻下："今天我最好的朋友救了我的命。"

打了对方也救了对方的那个人惊讶地问道："当我伤害你的时候，你把句子写在沙子上，现在我救了你，你把句子刻在石头上，这是为什么？"

被打且被救的人回答说："如果有人伤害或

者冒犯了我们，我们应该把它写在沙子上，这样
宽恕之风就能把它抹去。但是，如果有人做了对
我们有益的事，我们就应该把它刻在石头上，这
样风就不会把它抹去，永远铭记在心。"

53.勇敢说再见

我们要怎样做才能获得幸福？根据哈佛大学的一项长期研究证明，我们需要的只是爱。

缺乏爱会对我们的情绪和健康产生巨大的影响。生活在孤独或不稳定关系中的人与那些生活在稳定和良好关系中的人相比，会感到不快乐，甚至有明显的疾病，大脑功能下降得更厉害，死亡得更早。

这并不意味着我们不能与朋友或家人争吵，这里说的不是表面的和谐，而是起决定性作用的一种感觉，我们可以依靠某个人来让自己感到安全。因此，"爱"不一定指

"伙伴关系"或"自己的家庭"。

这里说的也不是周围的人数,而是关系到亲密关系的质量。这意味着从现在起,你可以和一些"朋友",也就是那些带给你痛苦比快乐多的人说再见了。他们想改善你,向你表达他们对"真实"生活的想法。跟那些不断抱怨并且拖累你的人,那些不会给你带来益处的人,那些不喜欢他人却还依靠他人生活的人,说再见。

跟你不再亲近的朋友说"再见"。心理学家罗宾·邓巴一直在研究我们可以维持社会关系的群体规模。根据我们的大脑容量,"邓巴数据"显示有150个人,其中包括家人、朋友、同事、邻居和商业伙伴,我们可以以透明的方式与他们互动。

也许是现代便捷的沟通方式增加了这个数字,因而更容易保持联系。但是我建议试着放弃没有价值的"友谊"。别再把时间和精力花在那些已经没有存在价值的关系上。你不必像这样举行一个"告别晚宴",和以前的朋友断绝友谊。

但是要在你的生活中为那些对你好的人留出空间。相信你的人、爱你的人，他们也会积极支持你。他们为你准备了一块良好的"土壤"，同时也使你的翅膀更加强壮，使你可以翱翔，激励你前进，到达你想去的地方。无论你身在何处，都会有人支持你。

你不必让每个人都喜欢你，尤其是那些无关紧要的人。

春天里，有一只蜗牛爬上了樱桃树，一只蟑螂看到后嘲笑它："你这个跛脚的家伙真蠢，现在还没有樱桃，你爬上来干吗？"蜗牛沿着树干稳稳地走着，心想："等我爬到上面时，它们就成熟了！"

54.给生活做减法

我们很富有，每天都有86400秒，也就是1440分钟，共计24小时。但大多数时候，我们都会利用这段时间进行各种活动、做出承诺、制定待办事项……然后这些内容就可能会被拖延到第二天、第三天……

你想要更轻松和宁静的生活吗？如果你的待办事项不断增加而不是减少，你打算怎么做？当你匆忙地从一个约会赶赴下一个约会时，你想如何保持平静？当大量的任务剥夺了你晚上的睡眠时间时，你要怎么做才能感到轻松？

当然，你可以通过效率提升和使用相应的工具而更快地完成任务，加快步伐腾出空间，但它不会给你任何安慰。相反，如果想要完美而高效地组织自己的生活，这也会成为你生活中的下一个压力因素。

有时候，在成年人的世界里，总有一天我们可以从根本上对自己进行一番评估，然后告别各种任务和活动。

写下你日常生活中要做的事情，不管是工作上还是生活上的。写下你能想到的一切，和最近几天迫切要完成的事情，然后想想现在真正重要的是什么，你想保留它还是必须保留它，除此之外其他的都删掉，不管是永远的还是暂时的。

问问自己是否必须亲自处理某件事，或者是否可以把它转交给别人，包括同事、家庭成员、网络合作伙伴、服务提供商等。

通过不断的取消或调整清理出任务丛林的道路，不要说"一切都很重要"，这是致命的。

你可以计算未来几天和几周的空闲空间缓冲区以应对

意外的情况，尤其要保持镇定和冷静。计划最多50%的可用时间，反应越敏捷，你的日常生活就越有创意。如果你目前感觉越来越匆忙，你所能承受的缓冲区就越多。

注意，不要触碰"气体效应"的陷阱，而应尽可能多地呼吸空气，放松下来，因为这样做很有意义。

如果你想完成很多事情，那就先列出计划并精简数量。我以前不相信这一点，总是从一个约会赶赴另一个约会，从一份工作转到另一份工作，每次都兴奋不已。目前，我逐渐"放松下来"已经快20年了，效果是我不仅更有效率和成就感，而且更轻松。

你能精减些什么？你能在哪里获得更多的喘息？

55.好好照顾你的身体

我们的身体和精神状态是密不可分的。我们以毫无价值的食物、糖、酒精或化学添加剂形式给身体制造的任何垃圾，都会削弱自身的意志力和力量。然而，不断变化的推荐标准并不能让我们在应该吃多少或者喝多少的时候找到适合我们的食物。

你必须从早餐开始新的一天吗？大多数专家的回答是肯定的。"早餐吃得像皇帝，午餐吃得像国王，晚餐吃得像乞丐。"但是，如果根据阿育吠陀疗法，你可以轻易地跳过早餐，你应该吃很多肉。摄入低碳水化合物真的对吗？或者更倾向于做素食主义者？

不管你读什么书，都会出现新的提示。

你可以接受所有相互矛盾的营养建议并进行尝试。仔细观察自己，包括身体和心理状态的变化，然后做更多真正对你有益的事情。忽视浩如烟海的研究，好好照顾自己的身体，因为它会直接影响你的情绪。

对于饮品，喝够了就行，太少不好，太多也不好。正确的方法是多喝不含糖和不含酒精的饮料，这样会使你不会产生口渴的感觉，最重要的是你的口腔不会感到干燥，你的尿液也不会是深色的。

你要给身体提供什么营养？长期以来，人们在路途中很难吃到健康而营养丰富的食品，虽然咖喱香肠在各个商店都有售。如今即使在火车站，也有清淡的亚洲菜肴、素食汉堡、生食柜台等。干净的饮食已经出现在快餐的菜单中，用很少的食材烹饪是新的料理方式。很长一段时间以来，烹饪方式本身就体现了我们的生活方式，代表着一种新的理念。

鱼类、新鲜蔬菜或坚果等食物不仅能滋养身体，还有助于精神上的宁静。睡前吃一把坚果能促进良好的睡眠，使我们拥有好的心情。许多食物和草药都有抗氧化的作用，因此，它们可以帮助我们减轻压力和压力带给我们的负面影响，其中包括西红柿、蓝莓、咖啡、西兰花和鳄梨；生姜和蜂蜜可以用来消炎；葵花籽是一种生镁助推器，可以解决偏头痛、失眠、内心不安等诸多问题。因此，"快乐地吃"是可能实现的。

你每天要让身体远离不健康的东西，并对你的身体表示感谢，不要迷信那些不计其数的饮食神话，而应有意识地用对你有益的食物滋养自己的身体。

你现在想吃点什么或喝点什么呢？

56. 运动起来吧

经常运动能够提高我们的幸福感。在正确的脉搏范围内跑步或散步会让我们变得更加放松和平静。即使在情绪低落时，我们也可以通过运动来消除负面情绪。我一次又一次在所辅导的客户和自己身上体验到了早晨运动所带来的生产力和宁静度的提升。半个小时的快步走能让我们一整天都保持头脑清醒。你不必做剧烈的竞技运动，轻柔的动作就可以起到很好的效果！

因此，你可以有意识地将减压运动融入你的日常生活，并精心滋养你的身体，这样甚至还可以减肥，不用挨饿，也不需要计算卡路里。一旦你成功减肥，也许你生活中的其他事情也会因此而改变。

多年来，我一直饶有兴趣地观察体重减轻的超重人群是如何突然以全新的精神面貌投入生活的。每减少一千克似乎都会使决定变得更容易，或者更容易让别人信任自己。

你的最佳体重是多少？你是怎么达到这样理想的体重的？答案也许是通过享受每天乘坐公共交通工具。英国的一项研究发现，乘坐公共交通工具者的体重比开私家车的体重要轻。

如果你更自觉地做家务，也可以帮助你减肥。一项研究向酒店女佣指出了她们的工作对体力要求有多高，每天需消耗多少卡路里。我在对照组的同事没有被告知的情况下进行了观察，令人惊奇的是仅仅过了30天，就发现那些投入工作的女佣的身体状况比以前好多了。她们不仅减轻了体重，腰臀比也更为协调，而她们并没有刻意把运动融入自己的日常生活中。

运动起来吧！你可以考虑一下走楼梯而不是乘自动扶梯或电梯，可以骑自行车而不是开车到一千米远的超市，或者去打保龄球而不是坐着看电影……只要动起来就会发生变化。

你今天能多做些运动吗？

57.再见，失眠！

"把社交中遇到的事情放一边，进入深度睡眠。"可惜的是，大多数成年人在睡梦中不再像这句话说的那么轻松了。研究发现，有43%的德国人总是感到疲倦和无力，但他们却在床上漫不经心地翻来覆去。

睡眠问题常常与白天未解决的问题和压力有关，睡眠不好也有非常实际的原因。

我们可以通过"非睡眠技巧"的话题消除压力。我们在晚上醒来20次左右，使用呼吸调整5次，有时连续几天睡眠不佳，这都是很正常的。以下有一些建议能帮你拥有更好质量的睡眠。

◆ 白天要经常走动，最好是在新鲜的空气中，因为我们的身体需要大量的氧气和阳光。

◆ 多活动然后多休息，哪怕是在周末。这避免了"社交时差"。找出你的"睡眠窗口"何时打开，这是一个容易睡觉的时间点。如果你错过了这个时间，"睡眠窗口"会再次关闭，你会醒着躺一个小时直到下一个"窗口"打开。

◆ 营造宜人的室内温度（16°C~18°C），也可以再暖和一点，但不要让自己出汗或感到寒冷。

◆ 准备舒适的床垫和床上用品。

◆ 睡觉前不要吃太饱，需要戒酒、戒烟，当然还要避免睡前摄入咖啡因。

◆ 晚上不要喝薄荷茶或含维生素C的饮料。

◆ 避免在晚上进行令人兴奋的谈话或活动。

◆ 尽早停止工作，否则你会难以入眠。

◆ 睡前一小时吃点东西，吃一把核桃或喝一杯樱桃汁，这会增加褪黑激素的分泌，褪黑激素是一种促进我们睡眠的激素。

◆ 睡觉前先放松一下，例如看书、听音乐或者夜间散步。

◆ 不要在床上用智能手机或平板电脑看书，因为部分高蓝色的光线会使人更清醒。

◆ 一项研究显示，左侧睡眠会使你更健康。原因是左侧睡眠有助于血液流动。我们的主动脉会向左弯曲，所以如果我们右侧卧床，就会把血"向上"抽。此外，那些有胃灼热等消化问题的人也最好采取左侧卧的睡姿，因为这样使胃酸不能流回食道。

如果还感觉累，那么你一定要在中午小睡一会儿，好好休息一下。

是什么让你今天睡得更好？你在尝试着做什么？

58.不要吝啬微笑

我们的生活不总是甜蜜的，甚至有许多事会让我们吃苦头。

如果生活不顺利，没有了笑声，那就要为了生活的严肃性有意识地说："谢谢，但今天不行！"因为我们越愤怒，压力就会越大，我们的神经突触就会越密集，解决方案就会离我们越远。这时候就需要通过刻意大笑来启动应对机制。

笑是健康的助推器和幸运的制造者。笑声会将内啡肽注入我们的大脑，使我们会自然而然地感到放松、平静。

　　每天都要全心欢笑，和快乐的人在一起，读有趣的故事或学习大笑瑜伽。通过这种瑜伽形式，你可以将一种人为、刻意的笑转变成真正的笑。由印度医生马丹·卡塔里亚提出的这种"刻意"形式征服了世界。"我们没有刻意去笑是因为我们快乐；我们快乐是因为我们在笑！"卡塔里亚解释了这种形式的原理。

　　自从多年前上了一门课，我就对这种简单的技巧着了迷。在回家的路上，我对自己咯咯笑，幸运的荷尔蒙伴着我度过了一周。

　　我们应学会越来越多地笑，也要学会取悦自己。不要把自己及自身的错误看得那么严重，开怀大笑也能缓解最大的失礼。

　　你现在想笑了吗？

59.停下来，小憩片刻

2012年，我和家人在夏威夷待了四个月，孩子们也在那里上学，我们像一个普通家庭一样生活在地球的另一端，在机场出口的路边有一个大路牌，上面的一句话提醒着我们："慢点，这是莫洛凯。"

放慢节奏，关机。我们很喜欢那句话，也照此生活。回到德国后，我改变了生活节奏，休息的时间比以前多了很多。这是为什么呢？

在我们手头有很多工作时，往往会持续地工作，甚至会为此取消午休；在庆祝活动的整个晚上以及周末，会不断地安排一项项活动。我们感叹自己居然可以用这么高的效率做很多事情。

而情况恰恰相反。

自从习惯了休息之后，我反而可以做更多的事，而且更有效率，当然我也更轻松。研究人员同意我的看法，时间生物学专家已经证实我们可以在70分钟的时间内以一种集中和高效的方式工作，之后我们的功率曲线会自动下降。现在我们用大量的肾上腺素和咖啡因来刺激自己，又保持了一个小时的工作，我们进入了下一个效率低值期。我们又一次人为地把自己拉起来，这样我们恍恍惚惚度过一周，结果周五晚上我们累得完全平躺在沙发上，就像电池没电了一样。还想和朋友见面吗？那不可能！

你需要感受自己的身体，忙的时候尽可能休息一会儿，不管是午休还是暂停20分钟。哪怕是几分钟的简短休息，也可以让你有意识地深呼吸，眺望远处，放空自己。

今后，你多休息的理由会是什么呢？

60.不要过度自我感受

自我反省和专注是过上独立自主、幸福美满生活的基础。

内心想法太多的人不会太快乐。你可能听说过"购买决定"。研究表明如果我们衡量、分析、研究和评估得越多，我们对购买的东西就越不满意。花太多时间思考自己，思考自己的欲望、忧虑、疾病的人，开始"一遍又一遍"地分析和反思自己，这样的人也不会幸福的。这就叫作"过犹不及"。

在我们的想象中会有很多问题，现在是时候面对它们了！享受一段时间的放松，但之后马上回到充满活力的生活中，找到适合自己的任务，然后充实自己。

不要再考虑别人为什么"如此"对你了。不要总把别人的想法看得太重，因为这个世界上的很多东西并不都是关乎你的，身边人的行为也都不是对你的攻击。

有意识地停止别人拒绝时的过度敏感，你只需要记住，就像以自己为中心一样，其他人有时也会这样做。用通俗易懂的话说就是，大多数人都是自我陶醉的，没有时间顾及你。

61.打开世界，去探索

"有志者立长志，无志者常立志！"

——刘吉吾

我们生活在一个充满无限可能的世界里，以前很少能像今天这样有这么多的门对我们敞开。现在人人都可以接受教育，可以选择学习或从事任何职业，可以去任何我们想去的地方，可以通过社交媒体与他人沟通，并接受最好的启发。但为什么今天仍有这么多人不知道自己想要什么呢？

答案是，我们之所以不知道自己想要什么，是因为我们仍然不知道现在拥有什么或者什么才是适合我们的。

有人说，如果你好好审视一下自己的理想、眼界和目标，就能找出真正带给自己快乐的东西，但这种说法是错误的。如果我们没有灵感，就发现不了生活中到底有什么或者我们的理想到底是什么。

例如，如果我没有在一本新闻杂志上读到一篇关于欧洲课程的论文，我就永远不会想到去巴黎学习研究生课程。这篇文章播下了一颗可以在多年以后成熟的种子，直到后来我终于去了法国。

我们有时需要外来的力量，就像大自然依靠风传播种子和花粉一样。如果花必须自己获得花粉，它就不会开花。

你可以接受来自全世界的"种子"，睁开你的眼睛，打开你的耳朵，接受所有的可能性。经常和别人交谈，让他们告诉你他们要做什么。读你平时不会读的杂志，尝试参与一些能激励你的课程、活动和会议。每周给自己开一次"座谈会"，在那里做一些平时不会做的事，例如去博物馆看看，在公共汽车站坐上一小时，耳朵里没有iPod耳机……别去考虑这样做有什么意义，目的就是很简单地接受各种新事物。相信你头脑中的冲动会像拼图一样，填充到正确的地方，你的想法就会突然变成可实现的画面。

　　看看发生了什么，你很快就会知道自己想要什么。

62.别只活在自己的世界里

几年前，我遇到一个对每件事都有清晰想法的人，世界上没有什么能让他改变主意。我告诉他下周只有不到20℃。"不！"他回答，"零下10℃！"我喜欢美国，他却不屑一顾。一开始，这让我很抓狂，我经常反驳他有争议性的观点，直到我发现他从未去过美国。他的一些想法都是无故产生的……是的，那这一切想法都是从哪里来的呢？直到后来，亚历山大·冯·洪堡的一句话揭开了这个谜团："世界上最危险的观点是那些从未见过世界的人的观点。"我意识到，这该有多么固执和狭隘，我的朋友能够和他的那些好奇的观点和睦相处。

许多人都有一个牢固的世界观，不能接受自己的想法是错误的。他们什么都不怀疑，而是把自己的想法当作绝对真理，始终认为自己是正确的。也许他们在自己的世界里感到很快乐。

这个朋友的例子让我清楚地认识到我不想同他一样。从那以后，我不仅在直觉上，而且有意识地采取了一个新的视角投身于完全未知的主题，包括文化和冒险等。我认为开放和兴趣是人们内心最深刻的信念和人生哲学，我喜欢将之称为"彻底的开放"，这也是我创造力和幸福的源泉。如果我们不再认为自己永远是正确的并坚持自己狭隘的观点，就可以让世界变得更美好。

如果不让"自我"总是最先出现，而是寻求真正最好的解决方案，我们就可以做出更好的决定。有趣的是，大多数人认为他们是开放的和易接受新事物的，可是没有发觉我们总是抱怨别人，而对自己的盲目视而不见。

尝试练习从新的角度出发，将更多的替代方案投入到生活中。对不同的观点和批评感到高兴，这能让我们进步并使我们变得更好。

63.光靠想象是不够的

不知为什么，我开始喜欢给宇宙写信。写下自己想要的，让想法可以按时可靠地交付。我的一些愿望得以实现，例如，寻找停车位、在拥挤的餐厅里找一张桌子，有时甚至我刚想给某人打电话，那人就打了过来。这确实很神奇。

怀疑论者说，这都是巧合。也许是这样。

但我认为这是一个注意力和内部态度的问题。如果我想要一个停车位，那么我就要期待在目的地前方400米处找到。如果我在路上说："我可能永远也找不到了！"那么我越过第一个岔口，可能就找不到了。

科学家们正在越来越多地探索我们思想的力量，以及我们的思维对我们成功的影响。在成像的过程中，我们可以看到某些单词、冥想或压力对我们大脑的影响。

然而，我认为成功的关键点"你只需充分地想象"是非常危险的，因为这会让我们变得被动。如果有人告诉我们要在客厅里进行"瑜伽运动"和发挥想象力，而不是振奋精神去为成功而奋斗，就会破坏我们成功的可能性。我们可以为幸福做些设想，但仅靠天马行空的想象，一切都是徒劳的。

在"认为你富有（美丽、成功……）"运动的前几年，有些人误解了这项运动。他们并不幸福，很明显他们没有很好地憧憬自己的生活。我们需要用色彩填充我们的愿望，以充满所有色彩和声音的电影来展现它们，这样就可以帮助我们按照自己想要的方式生活，但仅仅这样还不够。

你还需要继续坚持，以积极的态度做事。仔细倾听你内心的声音，然后朝着你期望的方向迈出第一步。

弗朗茨·卡夫卡说："道路是因为有人走才会出现的。"他说得太对了。我们在前进时已经做了几件好事，一方面，你会感到自信在增长，宏伟的目标和想法都会突然变得可行；另一方面，新的大门正在打开，新的可能性将支撑你勇往直前。

因此，不要只考虑你想要什么。行动起来吧。

64.做生活的主导者

"生活是由美好的时刻组成的，你只需要抓住它们。"

——因戈马尔·冯·基塞里茨基

希腊神话中有两位时间之神，柯罗诺斯是时间数量之神，卡伊洛斯是时间品质之神。

近几十年来，成本压力、效率考虑和生活节奏的加快促使柯罗诺斯更容易主宰我们。像"时间就是金钱"或"我得快点"这些鞭笞让欧洲人成为时钟的"奴隶"。"钟表是你们的，时间是我们的。"这是一句非常贴切的谚语。

我们应让卡伊洛斯成为行动的中心，将自己从成功指针转动的数量中挣脱出来，从而多关注那些美好的时刻和自身的感受。

停止写待办事项清单，而是写待办事项汇总。在这样做的时候，你要写下开放任务和职责在头脑中反映出的一切，这样才能解放你的头脑，仅遵循写作原理就能确保安静与平和。不要把你的待办事项写在日历上草草了事，而是用一个独立的工具，如一个应用程序或者一个贴纸进行提示。这就省去了将未完成的任务拖延下去的麻烦。

计划好你每天必须做的任务和工作，但不是所有重要和紧急的事情都是真的很着急的。在活动之间留点空隙，你的日常生活越是富有创造力，你能留下的空间就越多。

我们要积极作为和有创造力，但不要陷入必须掌握或能够掌握一切的错觉中。让你自己参与到生活中去，这会比你认为你能"计划"的任何事情都更好。掌握你真正能掌握和想要掌握的，相信你可以正确确定优先顺序，并与你所做的每件事自然地融为一体。

做个正确把握人生方向的时间管理者。

列一个"感觉清单"，写下你今天想要体验的感觉。例如，今天开心吗？快乐吗？放松吗？并注意你在什么情况下会特别快乐。这会使你轻松地将更多美好的时刻带入你的生活。

扪心自问，我能做些什么让自己再次有这种感受？今天我想体验什么样的时刻？

65. 别把事情搞复杂

很多年前我偶然听到一句话："如果这是解决办法，那么我希望我的问题能回来！"这让我意识到，我经常认为解决一个问题或做出一个决定必须是复杂的。

虽然我们可以很容易地解决一切问题，但为了变得更好，我们有时宁愿为此花费很多时间。

这也适用于我们实际使用的辅助工具。我们花了很多时间和金钱安装新的技术工具，使用很酷的生产力应用程序或完整的自动化工作流程。

但归根结底我们需要花更多的时间学习如何使用这些

工具，包括维修技术故障、不断更新版本、恢复丢失的数据或修复系统崩溃。

我喜欢科技，很愿意投身于任何技术上可行的领域，但我更喜欢观察其他人在这方面有什么经验，然后在技术得到更好发展时加进来。是的，严格来说，我并不是一个早期的技术使用者。我更喜欢使用简单的技术，因为它可以立即应用并能带来较大的益处。

不要让你的生活变得如此复杂，有时候显而易见的是最好的解决办法。

曾经有一个铁匠住在纽伦堡，他的艺术作品，尤其是他制作的精美城堡闻名全国。但随着铁匠慢慢老去，是时候把锻造厂交给合适的继任者了。来自全国各地的年轻人和有经验的工匠都想得到这个铸造厂。

因此，老铁匠给每位候选人一扎钥匙，共

计 66 把，老铁匠让他们按照自己的经验挑选，告诉他们只能尝试一次且必须打开河边花园坚固的大门。

铁匠周围的锻工们都试图完成这项挑战，但一切都是徒劳，没人能一次就选中钥匙。有一天，一个学徒走了过来，手里拿着钥匙仔细地看着大门。他小心地按了一下把手，门就开了。"你已经看到了再明显不过的事情，我的孩子。"老铁匠高兴地说，"你将是我的接班人！"

66. 去吧！想做就做

"不可能！"你的恐惧说。

"太冒险了！"你的经验说。

"没用！"你的疑虑说。

"试试看！"你的心低语道。

随心而行，从现在起，做你想做的事，别光空想。你虽然不能保证你的决定是正确的，但你至少会快乐。

你要像你想象的那样，勇敢前进，不轻言放弃，这样就不会错过很多的机会。否则，你永远也成功不了！

作为一个职场新人，我积极大胆。我原来并没有想过能向《南德意志报》投稿，后来我发现自己的文章很有市场，也因此得到了一份工作。此后，我申请了赴巴黎攻读研究生课程。想要为某杂志社写点文章吗？那就干脆去编辑部给编辑们看看自己写的东西。

经过职业生涯的磨炼，我失去了往日的安逸。受质疑者和反对者的影响，我终于承认一切都不是那么容易的。我开始权衡和思考，反思自己是否做得足够好，我的工作是否"人人"都可以做，进而害怕主动争取新的机会。

今天，我又找回了从前的天真烂漫，再次有意识地让20岁时勇敢的科尔杜拉掌握自己的生活。为什么要这样做呢？我其实对自己目前的生活感到很满意。但回首往事，我后悔让自己从快乐的需要中解脱出来。我已经取得了许多自己希望取得的成就，但一直在与自我怀疑做斗争。

别让这种事发生在你的身上。不要让质疑你的人打消你的积极性，而要继续勇敢执着地寻求新的可能性。保持赤诚和敬畏之心并不意味着你不知道自己想做什么，你应该已经具备了专业能力，但仍需保持初心和进取心，努力寻求任务、获得工作和支持。真诚地对待别人，生活比我们想的要精彩得多。

开始吧！我们要行动了，这样才能积累经验。为了让自己变得更好，我们需要打开更多的门。不要浪费太多时间来获得一个完美的"设置"。这不是能让我们成功的起点，准备好在路上随时修正自己的路线，让自己尽快适应和成长。

让我们摆脱条条框框的束缚，在无限可能的海洋中遨游，积累经验，扬帆起航。

停止争论，停止沉思，停止怀疑。想做就做！

让一切变得光彩夺目！

后 记

POSTSCRIPT

　　这本书收集了66个人生进阶指南，其中包含的智慧和寓意旨在为读者提供对生活有益的帮助。这些也是我自己日常生活中的经历，希望它们能为你们带来轻松、宁静和勇气。

　　在这66篇文章中，有一些是我从心理学和哲学中获得的知识。我希望你能读后有感而发，告诉我这本书对你有什么影响甚至为你的生活带来了哪些改变。

　　无论你是否喜欢这本书的内容，都非常欢迎与我讨论。我喜欢与读者交流思想，并很庆幸能作为作家、演讲者和培训者，与来自世界各地的人们紧密联系，并为他们的生活和内心带来深刻的启发。

在过去的几个月中，许多行为变得比以往任何时候都更加重要。世界正在经历一场巨大的危机，特别是在危机时期，我们更要鼓足勇气，保持镇定，不要完全失去对生活的信心。

经常有读者问我如何安排自己的生活，如何写书以及花费多少时间写书。当然，我遵循自己的方法，大多数时候，当我去慕尼黑以南的办公室写作时，一本新书的内容已经浮现在脑海。

写作时我会关上门，不让自己被打扰。连续几个小时都会放空自己，让思绪流淌。有时也会遇到写作瓶颈和困难，在数周和数月的静修中，在我回到培训班、讲座的喧嚣之前，书中的话语就会涌现，里面充满引人深思的和平与宁静，很多人以我引导的方式去生活和工作。

能取得这样的小小成果，首先我要感谢我的丈夫克劳斯，他一直在我身边，鼓励我不要因为困难而放弃。当我的脖子因再次打字而绷紧不适时，他会给我进行针灸和按摩，让我感到舒适。我还要感谢我的孩子们，他们一直积极支持我的写作道路，现在他们也以插图和照片的形式走上了自己的艺术道路，这让我感到很欣慰。

最后，我要感谢我在德国奥芬巴赫和法兰克福的德国出版商Gabal的整个团队。多年来的紧密合作才能使这本书得以上市，面向大众。

此外，还要感谢北京创美汇品图书有限公司和中国友谊出版公司的员工，尤其是热心、友好的图书编辑王颖越，在此也向他们表示由衷的感谢。当然，我发自内心的感谢你阅读和推荐这本书。

总之，请你继续勇往直前，同时，拥有拒绝的勇气和保持冷静的初心！

科尔杜拉·努斯鲍姆

2021年2月于慕尼黑

创美工厂® 壹品 | 新奇有趣

出 品 人：许　永
出版统筹：海　云
责任编辑：许宗华
特邀编辑：王颖越
责任校对：雷存卿
封面设计：海　云
版式设计：万　雪
印制总监：蒋　波
发行总监：田峰峥

投稿信箱：cmsdbj@163.com
发　　行：北京创美汇品图书有限公司
发行热线：010-59799930

创美工厂
微信公众平台

创美工厂
官方微博